未来

黑科技

通 史

[美] 莱斯·约翰逊
LES JOHNSON

[美] 约瑟夫·米尼
JOSEPH E. MEANY

著

新宇智慧
译

GRAPHENE

U0182304

中国科学技术出版社
·北 京·

本书中文简体字版通过 **Grand China Publishing House**（中资出版社）授权中国科学技术出版社在中国大陆地区出版并独家发行。未经出版者书面许可，本书的任何部分不得以任何方式抄袭、节录或翻印。

北京市版权局著作权合同登记 图字：01-2022-0961 号。

图书在版编目（ＣＩＰ）数据

未来黑科技通史 ／（美）莱斯·约翰逊，（美）约瑟夫·米尼著；新宇智慧译． -- 北京：中国科学技术出版社，2022.4（2022.11 重印）

书名原文：Graphene: The Superstrong, Superthin, and Superversatile Material That Will Revolutionize the World

ISBN 978-7-5046-9458-4

Ⅰ．①未… Ⅱ．①莱… ②约… ③新… Ⅲ．①石墨烯－功能材料 Ⅳ．① TB383

中国版本图书馆 CIP 数据核字（2022）第 033468 号

执行策划	黄 河 桂 林	
责任编辑	申永刚	
策划编辑	申永刚 陆存月	
特约编辑	魏心遥	
封面设计	东合社·安宁	
版式设计	孟雪莹	
责任印制	李晓霖	

出 版	中国科学技术出版社	
发 行	中国科学技术出版社有限公司发行部	
地 址	北京市海淀区中关村南大街 16 号	
邮 编	100081	
发行电话	010-62173865	
传 真	010-62173081	
网 址	http://www.cspbooks.com.cn	

开 本	787mm×1092mm 1/16	
字 数	204 千字	
印 张	17	
版 次	2022 年 4 月第 1 版	
印 次	2022 年 11 月第 2 次印刷	
印 刷	深圳市精彩印联合印务有限公司	
书 号	ISBN 978-7-5046-9458-4/TB·117	
定 价	59.80 元	

（凡购买本社图书，如有缺页、倒页、脱页者，本社发行部负责调换）

艾伦·斯蒂尔（Allen Steele）
科幻小说作家，世界科幻类图书大奖雨果奖、星云奖得主

　　《未来黑科技通史》这本书非常难得。它与一个复杂的科学主题有关，不仅能给读者提供信息和启发，还能让读者感到愉悦。我对自己以前所知甚少的东西有了新的认识，意识到这是对未来的塑造。读读这本书，看看明天的奇迹。

路易斯·弗里德曼博士（Dr. Louis Friedman）
航空工程学家、美国科学促进会会士
美国国家航空航天局创新先进概念项目（NASA Innovative Advanced Concepts）理事、"行星协会"的联合创始人和名誉执行董事

　　石墨烯是一种了不起的材料，它的特性使我们感到惊奇，它的应用跨越了从纳米技术到星际飞行的所有人类活动，甚至关系到人类的进化。本书用有趣的故事讨论了这些问题：哪些人在何时、何地为石墨烯做了什么？他们为什么做那些事？他们是如何看待石墨烯的？这意味着约翰逊和米尼的叙述可能会改变世界。本书融合了物理学、工程学、历史学和社会文化方面的相关内容，新奇有趣，且值得学习借鉴。

蒙蒂·费特罗尔夫（Monty Fetterolf）
南卡罗来纳大学化学系教授、讲座教授

讲述碳材料的历史和科学是一个令人愉快的旅程。本书着眼于石墨烯，以更大的视角探讨商业、化学周期、独特的分子和科学驱动的未来等话题。作者描述了石墨烯这一新兴的、充满活力的物质在科学领域的应用前景和可能存在的问题及缺陷。他们的工作非常出色。

马修·R. 弗朗西斯（Matthew R. Francis）
物理学家和科普作家，开设博客 BowlerHatScience.org

《未来黑科技通史》饶有趣味地讲述了一种最简单的碳材料的前世、今生与未来。本书详尽探讨了石墨烯在技术领域、机械工程领域和医疗健康领域的前景、风险和挑战。本书包含了丰富的历史趣闻、科学启蒙知识与前瞻性的预测，作者们以我们易于理解的方式将有关石墨烯与类石墨烯材料的故事娓娓道来。

《书单》杂志（Booklist）

本书包含了通俗易懂的奇闻逸事与逻辑严谨的推理论证。莱斯·约翰逊和约瑟夫·米尼所讲述的石墨烯的故事将点燃科普读者的激情。

21世纪的"万能新材料"

你可曾设想过人类会发现一种极尽纤薄的材料，这种材料不仅拥有良好的导电性能，而且足以支撑数百万倍于其自身重量的负载，同时兼具出色的渗透性能，可以高效过滤最为污浊的浑水？你是否能够想象，构成这种神奇材料的元素竟然与随处可见的铅笔芯所含的元素完全一样？

这种名为石墨烯（graphene）的奇特材料并非科幻小说中虚构出来的东西。越来越多的科学家正在加入石墨烯的研发队伍，致力于在21世纪下半叶，使其成为一种重要的支撑技术材料。而热忱的创业者和企业家们则更加迫不及待，他们期待石墨烯能够在十年内得到广泛应用。这真的有可能吗？

石墨烯可谓简单而不失精妙。它是由单一的碳（Carbon）元素，通过一种化学键形成的。石墨烯的制备过程看似简单，但对于化学家和物理学家而言，这种材料的制备方法仍如同尊贵的"圣杯"般得之不易。

尽管科学家已经拓展了元素周期表，使其不止包含地球上的近百种天然元素，也绘制出了浩瀚的天文星系图，甚至完成了人类基因组测序，但这种仅用C^①便可表述的材料，却仍然是尖端科学领域中科学家孜孜以求的远大目标。为什么会这样？主要是因为石墨烯很"善于隐藏自己"。直到过去二十年间，那些在其发现过程中起到决定性作用的技术和仪器才日趋成熟。

碳是构成石墨烯的唯一元素，在我们身边随处可见。这种元素在整个宇宙中含量非常丰富，在所有元素中排名第四。当谈到某种材料时，多数人都会想到构成这种材料的原子和分子，其中分子是由特定种类和数量的原子构成的。但对石墨烯而言，碳原子的数量多少并不重要。真正使石墨烯区别于金刚石和石墨等其他纯碳材料，进而表现出自身特性的关键在于碳原子间的结合方式。

从原子层面观察，单层石墨烯看起来就像是一个由六边形单位构成的铁丝网围栏，每一个碳原子构成了六边形的每一个顶点。这种六边形的分布方式使石墨烯中的众多碳原子能够分布在一个平面上，并赋予石墨烯震撼人心的强大特性。

石墨烯的这种特性不可小觑。作为化学界中的"另类"，石墨烯拥有扁平的二维分子结构，因此单层石墨烯只有一层原子那么厚。如此单薄的架构也许会立刻令你对石墨烯的结构稳定性产生怀疑，然而这种由六边形碳原子彼此结合形成的结构，却使仅有一层原子那么厚的石墨烯材料格外强韧。

对石墨烯的合理应用是 21 世纪后半叶材料技术革命的关键所在，但我们将为此付出怎样的代价呢？谢天谢地，这次我们无需付出沉重的环境代价。石墨烯与现代科技离不开的另一核心要素稀土金属

---

① 碳元素的元素符号是 C。由于石墨烯只含碳元素，因此其化学式也是 C。——译者注（下文中除非特别注明，注释均为译者注。）

（rare-earth metal）之间存在一个重大区别。今天，钽（Tantalum）、钕（Neodymium）、镧（Lanthanum）等稀土金属已经融入了我们的生活，被广泛应用于从智能手机到化学药品的诸多产品中。

与稀土金属不同，发现和分离石墨烯既不需要大批的劳动力，也不需要重型设备或者排成长龙一般装满污染性溶剂的大桶。原因很简单：构成石墨烯的元素碳在我们身边随处可见。现在最常见的石墨烯制备原料是矿采石墨。与稀少难得的稀土金属不同，石墨烯在我们日常生活中的普及应用并不取决于原材料的获取能力以及由其引发的大国纷争，而是取决于专业知识的积累，相关的专利技术将成为决定胜负的关键所在。

也许就在今天，就在刚才，你已经合成出一些石墨烯了，只不过合成出的量非常非常小罢了。当你用铅笔在笔记本上写下本周的购物清单时，在手和指尖施加的压力下，不起眼的石墨就会被转变为数层石墨烯。然而，如果石墨烯的制备方法如此简单，而且在生物体中，构成石墨烯的唯一成分碳扮演着比氧（Oxygen）、氮（Nitrogen）、氢（Hydrogen）等元素还要关键的角色，为什么石墨烯到21世纪的今天，才成为人类寻求破解的前沿课题呢？

这个问题的答案正是我们想要在本书中讲述的内容。石墨烯的故事是一个有关意外发现的故事；也是一个企业和政府竞相投入数十亿美元资金，支持科技研发的故事（尽管这种材料距离进入寻常百姓家仍需时日）；同时还是一个有关新材料的故事，这种材料不仅将使我们有能力创造出全新的事物，还将颠覆我们创造新事物的方式。

此前的技术革命教会了我们许多事情。每一种新发现都将我们引领进了全新的实验领域，深化了我们对自身能力的理解。化学电池使我们能够存储能量，以备未来使用（例如夜间照明）；蒸汽使我们能够产生巨大的能量，足以完成任何人畜都无法完成的任务。而石墨烯引发的新革命将助力我们摆脱金属线缆的束缚。

如果你对科学、经济、历史，或这三大学科的交叉领域感兴趣，那么你多半会喜欢这本书。如果你对石墨烯已经有一些了解，那么你也许会感到奇怪，想知道为什么这项新发现会和历史扯上关系，又是如何扯上关系的。毕竟，作为一种代表未来趋势的新材料，石墨烯见诸各大新闻报道也不过是近十年的事情。

至少从 20 世纪 50 年代起，人们便开始尝试从地下开采石墨，将其转化为"黑色黄金"[1]。然而，这种努力 50 年来却持续遭遇到来自石墨的阻力，仿佛石墨迟迟不愿透露自己保守已久的秘密。当科学家最终从石墨中分离出石墨烯并对其进行检测时，物理学家和化学家们都为自己的发现感到震惊。然而，发现石墨烯的这段历史并非一帆风顺，而是可以一直追溯到 1859 年的英国。英国在历史上素来以碳闻名，因此由这个国家来见证单层石墨的诞生也就顺理成章了。

2010 年，两位英国科学家康斯坦丁·诺沃肖洛夫[2]（Konstantin Novoselov）和安德烈·海姆[3]（Andre Geim）因这一发现获得了诺贝尔物理学奖。世界各国的科技杂志纷纷欢呼，认为基于这种只有原子级厚度，碳原子排布规整的"神奇材料"，一个全新的时代即将来临。凭借极高的强度和低到令人不可思议的电阻，石墨烯仿佛为当代的科学家们轻轻挑起了一层幕帘，使他们得以远远地窥见一丝奇迹的曙光。

随着这层幕布被拉开，我们已经做好了对各类产品的设计和制造进行根本性变革的准备工作，从汽车到疫苗，从食品包装到宇宙飞船，无所不包。

---

[1] 作者这里的意思是指从石墨中分离出单层石墨，也就是石墨烯。
[2] 康斯坦丁·诺沃肖洛夫（1974— ），英国物理学家。
[3] 安德烈·海姆（1958— ），英国物理学家。

这种新材料的经济潜力将难以估量。由于其原子结构极尽纤薄，因此石墨烯可以被无缝嵌入任何现代产品中，发挥各种显著的功效。然而，早期进入该领域的投资者们早已赔得血本无归。一方面，企业家们对石墨烯产品的前景夸夸其谈；另一方面，企业家推出的产品的性能却又不尽如人意（尤其是类似塑料的复合物），向产品中加入石墨烯后产生的功效远不及因此额外增添的成本。有的产品甚至只是以石墨烯为推销的噱头，添加的根本不是石墨烯，纯属招摇撞骗。

随着生产方法的进步，石墨烯的产量正在不断增加，质量也越来越好，我们也终于开始看到石墨烯真正可以带来的益处。世界各国给予石墨烯项目的政府支持正屡创新高，可以说，谁能够找到大批量生产高纯度石墨烯的方法，谁就能在世界舞台上获取巨大的经济回报。

目 录
GRAPHENE

第一部分　发现与争议

第二部分　融入我们的生活

第三部分　新材料的功与过

第四部分 未来黑科技已来？

GRAPHENE

第一部分
发现与争议

　　石墨烯带给我们的惊喜恰恰在于，从石墨上剥离石墨烯的方法竟然如此简单，甚至到了令人难以置信的地步。科学界不禁集体惊呼"哇"。随之而来的便是一场真正的竞赛，各方都开始争分夺秒地探寻这种新材料的特性和应用潜力。

第 1 章
碳，随处可寻的碳！

说起化学界最古老的双关语，"Don't trust atoms, they make up everything." [1] 应该能排到第二位。这句双关语最有趣的地方在于，原子确实是构成宇宙中所有已知物质的基本粒子，同时它们也的确是善于伪装和欺骗的小家伙。

很明显，此时此刻你的手中握着一个物体，可能是一本实体书，也可能是一个电子书阅读器或者其他数码设备。两者的结构可能有所不同，实体书和数码设备看上去完全没有什么共同之处。然而，如果我们把构成物体的材料先放到一边不予考虑，那么我们会发现一个关键的共同点：任何物体都是由物质构成的。但物质的存在到底意味着什么呢？坦白说，这个问题有什么重要性呢？

无论你手中握的是什么物体，其原材料都是由原子构成的。原子拥有各种不同的名字，当然我所指的并不是菲尔、安、查理这类人名。具有一组特定属性的某类原子，也许会被称为氩（Argon），另一类则可能被称为钨（Tungsten），而第三类则可能被称为碳。

---

① 这句话中的"make up"有两种意思。一种是"组成、构成"，从这种意思来看，这句话后半段的意思是"万物都由原子构成"；另一种是"编造"，从这种意思来看，整句话的意思就是"别相信原子，它们什么都能编"。

这些名字当中的含义究竟是什么？我们很快会讲到这一点。相同类型的原子统称为元素，各种元素的原子是化学家们用来制造胶水、塑料瓶、药品、食物，以及你能够想到的任何物质的工具。你也许对氧比较熟悉，毕竟我们都需要呼吸。水、玻璃、岩石和许多药物中都含有氧元素。你应该对铁也非常熟悉吧。在我们日常使用的厨具、工具，甚至你的血液中都含有铁（Iron）元素。氦（Helium）、铁、氧都属于元素。

德谟克利特的苹果与原子论

卡尔·萨根[①]（Carl Sagan）在 20 世纪 80 年代主持拍摄了科普系列片《宇宙》（Cosmos）。第 9 集一开场便以黢黑的外太空为背景，空灵地悬挂着一只苹果。突然，一把尖刀将苹果一分为二，然后场景迅速切换到一个巴洛克风格的餐厅。在餐厅里，萨根（主持人）的桌子上摆着一盘苹果派。

《宇宙》中呈现的苹果形象，是对来自海滨城市阿布德拉（Abdera）的古希腊哲学家德谟克利特（Democritus）的一种致敬，他和自己的老师留基伯（Leucippus）在公元前 450 年前后共同提出了原子论学说。正如系列片中所讲述的那样，原子论最初的灵感便源于将苹果用刀一分为二的想象。接着，你还可以再将每一半一分为二，从而得到四分之一块苹果。德谟克利特和留基伯并未就此停手，而是继续往下切。那么问题来了，如果不停地切分一个苹果，你到底能切多少次呢？

两人想象自己拥有一把锋利无比的刀，并且思考了这样一个问题：如果将苹果不停地切分下去，最终苹果会不再是苹果吗？换言之，一

---

① 卡尔·萨根（1934—1996），美国著名天文学家、天体物理学家、科普作家。

种物质的性质起于何处，又终于何处？或者说，两者之间会有一个过渡吗？这一概念向同时代也在研究原子理论的另外两位哲学家，亚里士多德（Aristotle）和阿那克萨哥拉（Anaxagoras）提出了巨大的挑战。

亚里士多德和阿那克萨哥拉都认为，无论被切分多少次，苹果终究还是苹果，而金块也总归会是金块。也就是说，无论宇宙中多么微小的物质，只要用放大镜放大到足够高的倍数，你总能将两种物质区分开。根据这种假说，世间万物都有一种固有的特质。这就为宇宙赋予了一种永恒和秩序，亚里士多德将其归于神的伟力。在随后的许多个世纪里，这种观点都受到了原子论的死敌——宗教信奉者的追捧。

德谟克利特和留基伯对亚里士多德在论证中公然仰仗神力不以为然。他们认为，物体是由某种强韧并且不可再分的物质构成的，而这种物质存在于某种真空，或者说虚空（void）当中。真空的概念在当时可谓非同寻常，因为人类对大气层之外的事物没有任何概念。哲学家的认知局限导致他们相信天空的外缘是某种水晶天球。而"外太空"和真空则完全超出了人们的常识和认知能力。然而，如果德谟克利特和留基伯的理论是正确的，那么粒子就需要某种空间，有了这种空间，粒子才能运动。在这种运动中，粒子就像是在液体中流动一样，不断改变位置并替换其他粒子的位置。

进一步拓展这个比喻，我们可以想象一艘船，像切分苹果的尖刀一样划破水面。为了不断向前运行，船头势必会划破前方的水面，而水又会随尾流填充回船前行时船尾所留下的空间。尖刀同样是划破挡在前面的苹果，之后由空气将空隙填满。不过最终，这把无比锋利的尖刀会遇到再也难以切割的物体。这个难以分割的部分，这种难以再进行切分的物体，德谟克利特便将其称为原子（atom）。原子的英文"atom"源自希腊语"a"（表示"不可"）和"tomos"（表示"切分"）。

这些原子可以作为构建模块，形成不同的物质，而无需某位造物主劳心去创造宇宙万物。我们现在便将这些无法分割的粒子称为原子。

德谟克利特和留基伯提出了一个并未引发广泛关注的观点：双粒子"构成万物"。对于德谟克利特和留基伯而言，世界上仅存在两种东西——原子以及原子所填充的虚空并几近无穷的空间。在很长的时间里，原子论的基本原理便是原子是不可再分的粒子。直到 20 世纪，亨利·贝克勒尔[①]（Henri Becquerel）、玛丽·居里（Marie Curie）和皮埃尔·居里（Pierre Curie）才发现原子也是可分的[②]，只不过这一过程已经远远超出了早期的自然哲学家和研究者的想象。不过从某种意义上讲，原子仍是元素的基本粒子，因为一旦原子被分解为更小的组成部分，其自身固有的元素特性便会随之消失。因此，就这个特定的角度来看，原子确实是不可再分的。

在古希腊发展的同时，印度哲学家也在对宇宙的基本性质进行着全新的思考并撰写了相关著作。在东方文化中，婆浮陀·伽旃那（Pakhuda Kaccayana）和迦那陀（Kanada）是印度的两位原子论早期支持者。他们同样遭受到同时代人的批评。反对原子论的人认为，物质世界的恒常性是对圣灵创造万物的一种证明，推翻这一点就意味着挑战神灵的存在，也就动摇了宗教的种种根基，这其中尤为重要的一点便是永恒救赎的信仰将不复存在。多数古代原子论的反对者认为，如果原子是永恒不灭、不可再分的，那么灵魂便无法进入天国。这一点显然很难被早期的基督教和其他有神论者所接受（同时也会对数学领域"无穷小"的概念提出巨大的挑战）。

直至约公元 700—1200 年，人们对原子的认识取得新的进展，原

---

① 亨利·贝克勒尔（1852—1908），法国物理学家，因"发现天然放射性现象"于 1903 年与居里夫妇一同获诺贝尔物理学奖。
② 作者这里的意思是指放射性元素发生衰变的现象。

子论才真正开始深入人心。两位学者——阿维森纳[①]（Avicenna）和阿威罗伊[②]（Averroes）将印度和希腊哲学兼容并蓄，形成了一套统一的理论体系，并在全欧洲和东南亚进行普及。阿维森纳的作品极大地影响了两位早期的物理学家——方济各会修士罗杰尔·培根（Roger Bacon，又称奇迹博士）和圣阿尔伯特·马格纳斯[③]（Saint Albertus Magnus）。从这一点，我们也可以看出这两位学者所做出的贡献非常重大。

尽管不可再分的粒子的基本概念越来越为人们所接受，但关于原子及其性质，在很长的时间里研究者仍然缺乏真正的实验证据。这一局面直至罗伯特·波义耳[④]（Robert Boyle）于 1661 年出版著作《怀疑派的化学家》（*The Skeptical Chymist*）才得以扭转。在这本著作中，波义耳反驳了亚里士多德的古代元素学说，这种学说认为万物由火、水、气、土和以太组成。

与亚里士多德不同，波义耳提出的理论更接近于我们今天的化学元素理论。在数学和物理学领域做出开创性贡献的艾萨克·牛顿（Isaac Newton）也对波义耳的研究成果表示认同。然而，他们却在一个重大问题上存在分歧。波义耳对炼金术基本持否定态度，而牛顿却对炼金术充满热忱。波义耳、牛顿、笛卡尔（Descartes）、皮埃尔·伽桑狄[⑤]（Pierre Gassendi）和罗杰·约瑟夫·博斯科维奇[⑥]（Roger Joseph Boscovich）的研究共同为 118 种现代化学元素的发现打下了坚实的基础。

18 世纪和 19 世纪是一个史无前例的大发现时代，各种各样的新元素不断被发现并从天然矿物与矿石中提炼出来，速度可谓空前绝后。

---

① 阿维森纳（约 980—1037），又称伊本·西那，阿维森纳是其拉丁文名。

② 阿威罗伊（1126—1198），又称伊本·路世德，阿威罗伊是其拉丁文名。

③ 圣阿尔伯特·马格纳斯（约 1193—1280），德国经院哲学家、神学家和科学家。

④ 罗伯特·波义耳（1627—1691），英国化学家、物理学家，在化学和物理学领域做出过多项杰出贡献。其著作《怀疑派的化学家》的出版被视作化学史上的里程碑。

⑤ 皮埃尔·伽桑狄是一位法国牧师和科学家。

⑥ 罗杰·约瑟夫·博斯科维奇是一位意大利拉古萨的牧师和科学家。

1871 年，俄罗斯科学家德米特里·门捷列夫（Dmitri Mendeleev）绘出了最早的元素周期表的雏形，周期律随后开始普及。

最终，欧内斯特·卢瑟福①（Ernest Rutherford）在 1908—1910 年间通过一系列实验得出结论，原子并非极微小的实心球体。卢瑟福发明了一种装置，通过这种装置，可以使用 α 粒子（也就是氦原子的原子核）轰击一层金箔。在这项实验中，绝大多数 α 粒子都会穿过金箔，但其中有一小部分粒子的轨迹会发生偏离。令人惊讶的是，一些粒子会向完全不同的方向弹射出去，少数粒子甚至会向发射的方向彻底反弹回去。

起初，这一结果令卢瑟福和他的同事们大惑不解。这是人类历史上第一次通过实验证明，原子的体积有很大一部分实际上是空的，但却拥有一个很小但密度很大的核。自此，原子的结构终于开始受到广泛关注。让我们回想一下德谟克利特的观点的哲学含义。他认为宇宙间仅存在两种东西：原子和虚空。卢瑟福的研究得出的重要结论也表明，原子的绝大部分都是空的。

自然界的任何分子，人类都能合成

从古希腊到现代的 2 500 年间，我们对原子的理解越来越深，并最终确定了原子是由三部分构成的。在原子核中是质子和中子，两者几乎贡献了原子的全部重量。质子的数量决定着原子的性质，而在同一种元素的原子中，中子的数量则可能不同。因此只有改变原子核中的质子数才有可能改变元素的类型。

---

① 欧内斯特·卢瑟福（1871—1937），新西兰物理学家，因"对元素嬗变以及放射性物质化学特性的研究"于 1908 年获诺贝尔化学奖。

拥有 7 个质子和 7 个中子的原子是氮原子，被称为氮-14（14 是质子和中子的总和）。拥有 7 个质子和 8 个中子的原子仍然是氮原子，只不过被称为氮-15，并且质量比氮-14 更重。在原子核外，是高速运动的电子形成的电子云。这种弥散的电子云表现出一类被称为壳层或轨道的特征分布模式。虽然电子的质量几乎可以忽略不计，但电子云决定了原子的体积。原子 99% 的质量都来自原子核，但原子核与原子的体积比仅相当于一粒豌豆与一个足球场的体积比，原子的其他区域均被电子云占据。如图 1-1 所示。

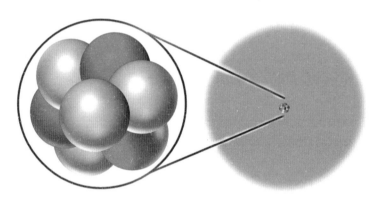

图 1-1　原子结构示意图。原子核由质子（深灰色）和中子（银灰色）组成。弥散状的电子云令原子核看起来微不足道（制图：约瑟夫·米尼）

让我们想象这样一种情况：一勺黄油的重量约为 6 克，你可以轻松将勺子握在手中。然而，如果用一个勺子舀起一整勺原子核（剥离掉电子，仅留质子和中子），那么勺中物质的重量将接近一座大山的重量。事实上，无论是你、我，还是你正在读的这本书，都不过是附加了一点点固态物质的一团虚空。这样看来，德谟克利特的想法最终得到了证明。

再来说说分子。一本书中含有各种不同类型的分子：各种长链的糖类分子形成了书页中的固态淀粉浆、胶水中的黏合剂，以及用来标记书页的各色墨水染料。数码设备则要复杂得多。这些设备既有由金属和陶瓷构成的电路，又有由玻璃和特殊染料制成的屏幕，还有用塑料和金属打造的保护壳。医药、科技、生物和材料科学的基础都是化学，而化学背后看似无穷无尽的可能性都是分子带来的。

大家有没有想过，我们称为金属或糖的东西归根到底是什么？它们之间有怎样的区别，在本质上又有何种共性？这乍一看，无论是问题，还是答案，貌似都很荒谬。金属工具是用金属制造的，而糖是用来调咖啡的，对吧？难道这背后还能有什么更复杂的东西吗？是的，的确有。在金属中，金属离子以规整的方式排列，这使它们在受热或被施压时能够相互滑动。这正是铁匠能够将铁锻造成宝剑，大型机械能将铝块打造成铝箔（供你打包剩菜剩饭）的原因所在。

金属中的电子也能在金属离子间近乎自由地运动，这也正是金属能导电的原因。而在玻璃中，电子在硅原子和氧原子间发挥着"黏合剂"的作用。这使两种原子的连接更为紧密，因此玻璃不仅延展性不如金属，而且脆弱易碎。如果你曾经摔落过金属杯（通常会落地弹起或因受力过大而出现凹痕）或玻璃杯（自然会摔得粉碎），就会对这两种材料在性质上的差异深有体会。

导致这种差异的原因是玻璃中的硅原子和氧原子共同使用的电子不能自由地运动。相反，这些电子是被"禁锢"在两种原子之间的。这种电子的局域化（localization）导致玻璃不具备导电性。与局域化相反，我们将使金属和其他导体（如石墨烯）具备导电性能的现象称为电子的离域性（delocalization）。

原子的特定排列方式决定了分子的性质。我们可以想一想形状各不相同的房屋。尽管用来建造房屋的材料通常就那几样，但修建房屋的方式却多种多样，因此不同房屋之间看起来才会千差万别。你的房屋之所以具有自己的鲜明个性，正是因为对建筑材料的个性化利用。从房屋的外形就能区分出哪一座是你的，哪一座是我的。同样的，碳、氢、氧或其他元素的原子按照不同方式排列，就能形成葡萄糖、阿司匹林或丙酮。

当然，这套理论的普及时间并不长。自中世纪以来，皇室的哲学家们开始不断拓展自己的研究领域。效忠于宫廷的天文学家和数学家们不再局限于绘制恒星的运动轨迹，归类登记各种农作物产量的目的也不再是为了税收。一些早期的研究者开始涉猎炼金术的原始科学（protoscience）。[①]

尽管早在公元前 3000 年甚至更早的时期，冶炼矿石和制陶的化学原理就已经为人所知，但直到研究者们开始以可重复的方式进行实验，并与其他研究者分享实验的结果，人们才得以掌握这些化学反应过程中更为复杂和深入的知识。

进行这些实验的主要目的通常都是炼金。人们渴望将铅或水银（所谓的"贱金属"）转化为金或银等造币金属。这一过程被称为嬗变（transmutation）。在本章中我们曾介绍过，元素的性质是由原子核中的质子决定的，而在化学反应中质子不会发生改变。尽管如此，在天主教会的帮助下，炼金术从 13 世纪到 17 世纪中叶逐渐演变为了一种常规性的工作。因而在这一时期，出现了许多依靠专业技能或手艺为生的职业，例如专业的铁匠、药剂师和其他与化学相关的工作。在这种大环境下，有一类人如鱼得水，这类人便是那些道貌岸然的行骗高手。

[①] 科学发展的极早期阶段，那时的科学方法仍不完善，因此和现代科学相比，显得原始、粗糙以及"不科学"。化学科学被普遍认为发展演变自炼金术。

炼金术痴迷于寻找可以导致化学嬗变的方法，这就为一些不择手段的人提供了一种新的行骗套路，可以向戒心不足的市民兜售"神奇的灵丹妙药"和快速致富法：

> 最令人惊讶的事情莫过于人们对这些骗子的谎言竟如此轻信。以如此荒谬的套路获取报酬足以证明，这些骗子对于自己假模假样要传授的致富法门一无所知。试问一个人如果掌握了随心所欲制造金子的方法，他为什么还要去别人那里获取报酬呢？对于这样一个人，钱应当不成问题才对，因为他完全可以想要多少就有多少。①

通过向潜在的客户演示炼金术，早期的炼金术士们发展出了花样百出，以快速致富法为幌子的骗术。在演示过程中，"实验者"会通过各种骗人的把戏（例如在加热的坩埚底部做手脚）"炼出"黄金。为了学到这些神奇的炼金术，看客们会向炼金术士支付高额的报酬。只有当返回家中，试着自己炼金时，这些客户才会对上当的事实恍然大悟。只有到这时，不幸的客户们才确定自己被假象愚弄了。

另一种将贱金属转化为金子的骗术是使用魔术钉（trick nail）。这些钉子由铁制成，但上面焊有一层金或银。金或者银上又涂了一层墨水或其他起掩盖作用的物质。当钉子被浸入特殊的化学溶液时，掩盖物就会溶解。藏在下层的金子便会随之"生成"，赢得看客们一片惊呼和赞叹。

好在罗伯特·波义耳最终将炼金术从一项追逐利润的骗术转化为一门研究科学。在其著作《怀疑派的化学家》中，波义耳审慎地将元

---

① 引自托马斯·汤姆森（Thomas Thomson，1773—1852）《论炼金术》（*Of Alchymy*）。——原注

素定义为纯物质[1]或物质中无法再进一步分解的部分。在精确的实验和仔细的观察后，波义耳发现，更复杂的物质（岩石、植物、气体等）能够通过化学反应发生分解。更为重要的是，这些反应和分解过程是可预测和重复的，而不是受神灵的意志或者其他神秘魔法的支配。

在化学的早期发展阶段，炼金是最常见的炼金骗术，而当 1669 年磷（phosphorus）被发现之后，又爆发了新一轮表演性质的伪科学实验。直到 19 世纪末，贝克勒尔和居里夫妇从原子核衰变过程发现了原子的放射性，才证明了元素的嬗变理论。

核聚变是另一种原子核嬗变的方法，直到 20 世纪才伴随着热核武器的发展逐步成熟起来。如今，原子序数 95 以上的所有元素均源自人工核聚变（恒星内的情况除外）。

可以说，化学作为一门科学的全部基础都依赖于一个概念，那就是纯物质之间通过相互反应，可以形成更为复杂的结构。分子是由元素构成的，而不同的分子又形成了剪刀、芝士蛋糕或者可爱的小猫咪。

证明这一理论的重任主要落在了约翰·道尔顿[2]（John Dalton）的肩上。1803 年，道尔顿通过实验证明，纯物质的原子可以彼此结合，形成他所谓的"化合原子"（compound atom）。道尔顿对多种化合物进行了研究，包括水、二氧化碳、一氧化氮和硫酸。道尔顿一边进行实验，一边根据实验结果对自己的假说进行修正，并提炼出了一项重要的结论：每种化合物中的元素都成特定的比例，最终便有了今天我们熟悉的分子式：H_2O、CO_2、NO、H_2SO_4。

通过不同元素的占比，这些分子式可以告知我们不同物质的化学

[1] 也就是单质。纯物质是早期的化学家的叫法。下文中还有其他早期的化学家使用"纯物质"这一叫法。

[2] 约翰·道尔顿（1766—1844），英国物理学家、化学家，近代原子理论的提出者。

组成。以水为例，分子式为 H_2O，这表示 1 个水分子中含有 1 个氧原子和 2 个氢原子。在二氧化碳中，每 1 个碳原子对应 2 个氧原子，以此类推。

在有记录的历史中，人们在很长的时间里都认为生物体的化学和非生物的化学大不相同。岩石和矿物显然与生物不同。生物体中包含脂肪、蛋白质、糖和油，这些都是碳基分子。因此，对生物体（含碳）的化学研究被称为有机化学，而对非生物体分子的化学研究体系自然就被称为无机化学。

长久以来，人们始终认为这两个化学分支是彼此完全独立的，并且认为有机分子蕴含着强大的生命力，与无机分子全然不同。基于这种理论，人们理所当然地认为源于自然，或者说源于生物体的化学物质与无机分子是完全不相容的。

食物链中无形的关联进一步强化了这种观点：一种生物通过食用其他生物就能获取营养，也正因为如此，无机的土壤才会安然无恙，不被消耗。毕竟，我们很难想象会有生物选择以吃石头为生。

生物必有灵性的假说被称为活力论（vitalism）或者活力学说（vitalist doctrine），这一理论于 1823 年被彻底颠覆。23 岁的德国医学博士弗里德里希·维勒①（Friedrich Wöhler）当时在进行氰酸铵（NH_4OCN）溶液蒸发实验，他原本预期在溶液中的水蒸发后将会得到氰酸铵。但结果却令他大为意外：无机盐氰酸铵被转化为了另一种分子——尿素。我们都知道尿素是尿液中的主要成分之一。

事实上，维勒还是第一个使用与尿液相关的双关语的人（而且竟然是在给自己的博士后导师的信中使用的）。在信中，维勒这样写道：

① 弗里德里希·维勒（1800—1882），德国化学家。

　　不得不承认，我兴奋得都快忍不住了。我必须要告诉您，我可以在无需利用其他动物肾脏（无论是人的还是狗的）的情况下制造出尿素。①

　　这一令人兴奋的发现后来拓展出了更为普适的结论：人类可以合成出来自然中的任何分子。这也就意味着，不管分子中的原子来自何处，特定元素的所有原子都具有完全相同的性质。无论是远古贝类中碳酸盐里含的碳，油田中的原油里含的碳，还是我们在卫生间里排泄出的碳都是相同的。

碳原子的魔术：将苯变成石墨烯

　　当我们探究化学物质及其性质时，化学键才是关键。当然，化学物质所含的元素也发挥着重要作用。但我们务必要记得，电子的分布决定了化学反应和化学键。例如，煤、石墨和金刚石之间有哪些区别？如果你面前的桌子上放了这三种物质的样品，你应该马上就能列举出许多差异。

　　煤呈乌黑色，很轻，并且脆弱易碎；金刚石的特点就更是人尽皆知了，经过打磨的金刚石晶莹剔透且质地无比坚硬；石墨则呈块状，是一种有淡淡光泽的灰色材料，看起来与金属近似。然而如果将煤和石墨碾成粉，我们就很难凭借肉眼区分出煤粉和石墨粉了。

　　与石墨比较接近的分子是富勒烯（fullerenes）族的分子。不同种类的富勒烯分子在外观上不尽相同，但这些分子的颗粒都很小，粉末

---

① 原文为 "In a manner of speaking, I can no longer hold my chemical water. I must tell you that I can make urea without the use of kidneys of any animal, be it man or dog."。在这句话中，"chemical water" 既可以维勒实验用的氰酸铵溶液，这样接下来的一句话就是指维勒的实验可以产生尿素；但 "chemical water" 在这里也可以指 "尿液"，这样接下来的一句就可以被打趣地解读为维勒想小便了。

细而轻，摸起来非常柔软。

煤、石墨和金刚石的性质迥异，如果事先不了解它们的成分，很难想象它们存在任何共性。然而，在外观上的差异背后却隐藏着同一种元素：碳。碳原子的原子核中含有 6 个质子和 6 ~ 8 个中子。碳原子间可以通过不同的方式结合，从而形成脆弱的煤、柔软的石墨以及璀璨的金刚石。我们不清楚人类发现碳的确切时间，但远古的人类用它（以树枝或其他死去的有机材料的形式）作为生火的原料这一点，充分表明人类在学习控制和利用火的年代便已对这种物质有一定的认知了。

此后，人类利用煤的反应特性来冶炼从地下挖掘出的金属矿石，用于制造闪亮的金属首饰和武器。这些由相同元素形成，差异只表现在原子间的结合方式上的物质被称为同素异形体（allotrope）。金刚石中的碳原子是以立方体的结构排列的，而石墨和石墨烯中的碳原子是一层一层排列的，富勒烯中的碳原子则相互作用形成球形。正是同素异形现象决定了我们日常所见的这些物质的特性：碳原子以立方体结构排列使金刚石坚硬无比，石墨的片状结构则令其具备了润滑和柔韧的特性（在我们仅考虑单层结构的前提下）。

当我们将碳与元素周期表上的其他元素比较时，可能会觉得碳是一种很无趣的元素：与周期表底部的元素不同，碳元素非常稳定并且不具有放射性；对于烟花爱好者而言，碳就显得更乏味了，这些爱好者显然更喜欢周期表左侧的碱金属（alkali metal）和碱土金属（alkaline earth metal），因为这些金属可以产生绚烂的色彩；你也别指望碳能像铁那样，可以用于制造各种武器或设备；碳元素同样也算不上特别有美感（金刚石除外），因而远不及金（Gold）、银（Silver）、铜（Copper）等铸币金属那样令人觊觎。

碳元素位于元素周期表的右侧，属于化学家所谓的 p 区（p-block）

元素。这是一种重量轻、朴实低调的元素，既不会像液态汞（Mercury）那样博人眼球，也不会像铀（Uranium）或者钚（Plutonium）那样引人恐惧。即使是紫色的碘（Iodine）也显得更惊艳，远胜于孩子们都不希望在圣诞袜中收到的黑炭球。

然而，在平凡的外表下，碳却独具特色。碳原子能形成非常强的化学键，足以在地球上的温度范围内与绝大多数分子结合。与此同时，这些化学键又不会过强，因此化学反应不会只是单向的。在阳光的帮助下，植物扮演着碳循环的"监管人"的角色，保证维持生命的化学物质得到循环利用和补充。在细胞内，蛋白质会被循环利用，以完成种种化学反应。而构成这些蛋白质的化学物质（小分子）则必须通过食物（最终是植物）进行补充。

然而元素周期表上排第六位的碳，却是构成生命以及根据我们的理解所有"活着"的东西的基础。碳原子有 4 个外层电子，通过共享这些电子，碳原子最多可以与其他原子形成 4 个化学键[①]。碳元素将以石墨烯的形式，开创一个全新的时代，代替硅成为技术界的主导元素。

碳拥有形成 4 个化学键的能力，对于这一能力的重要性，人们起初有些认识不足。为什么单单是 4 个，而不是 3 个、5 个或者 12 个？为什么 4 个化学键具有格外重要的意义？为了理解这一点，我们需要重点关注围绕在原子外层的电子。还记得吗，碳的原子序数为 6，因此原子核中拥有 6 个带正电荷的质子。为了平衡这 6 个正电荷，我们需要电子提供 6 个负电荷。因此，碳一共拥有 6 个电子。

"不过等一下，"你可能会问，"你刚才不是告诉我碳可以形成 4 个化学键吗？不是 6 个啊。"这是个好问题。与外层的 4 个电子相比，这

[①] 这种化学键被称为共价键。英文版中绝大多数时候都只是使用了"键"（bond）这个词，中文版下文中按照化学领域的习惯，在必要时会译为"共价键"。

6 个电子中还有 2 个电子距离原子核较近，因而无法与其他原子形成化学键。这是因为电子排列在不同大小和形状的壳层或轨道上。由于内层的轨道可以容纳 2 个电子，因此只有剩余的 4 个电子可与另外 4 个电子形成化学键。这一特性成为 19 世纪 50 年代早期的一个热门话题。

从伦敦到德国的达姆斯塔特（Darmstadt），当时最杰出的化学家们纷纷投入到这场激烈的辩论当中。他们的书信不断往来于英吉利海峡，探讨原子是如何以及为什么相互结合并形成分子的。化学家们知道原子以特定的比例形成分子，但分子的形状，以及原子彼此结合的方式却始终令他们困惑不解。

1854 年，奥古斯特·凯库勒^①（August Kekulé）在与朋友共进晚餐后乘马车回家，并在路上打起了瞌睡。事后他回忆道：

> 在一个晴朗的夏日夜晚，我和往常一样乘坐最后一班公共马车回家。我坐在车厢外的顶层座位上。马车穿过这座大都市一条条空旷的街道，白天这里总是人声鼎沸。我陷入了一种半梦半醒的状态，突然我仿佛看到原子在我眼前欢腾跳跃。我以前经常想象这些小家伙们在不停运动，但从来没能找出它们运动的规律。
>
> **今天，我看到了 2 个小家伙如何习惯性地"手拉手"，成双结对，大一点的家伙如何抓住 2 个小家伙，更大的家伙又是如何捉住 3 个，甚至 4 个小家伙不放手，以及它们如何围成一圈，翩翩起舞**^②……售票员的一声"克拉普汉姆路（Clapham Road）到啦"把我从梦中惊醒了，但我花了半宿的时间，在纸上将梦中的场景草草画了出来。苯的结构理论就始于此。

---

① 奥古斯特·凯库勒（1829—1896），德国有机化学家，化学结构理论的主要创始人。
② 原文使用了斜体表强调，中文版用粗体来呈现。下同。

如果你上过高中或大学的化学课，那么你多半听说过八隅体规则（octet rule）。根据这一规则，原子将通过与其他原子共享电子的方式，用 8 个电子将其最外侧的轨道填满。氖（Neon）或氩等惰性气体的外层轨道上已经有 8 个电子，因此它们不会与其他原子进行反应，形成分子。氯（Chlorine）等卤素原子都倾向于形成 1 个化学键，因为其外层轨道上有 7 个电子；氧原子则倾向于形成 2 个化学键，因为其外层轨道上有 6 个电子。原子形成的化学键的数量将直接决定分子的形状，而分子的形状是决定电子在分子结构中运动能力的重要因素。我们在本书的上文中介绍过，电子的运动是导电性的关键所在。

由于碳原子的外层轨道上有 4 个电子，而外层轨道最多可以容纳 8 个电子，因此 1 个碳原子最多可与 4 个不同的原子形成化学键。不过，这些键并不需要在 4 个原子间均匀分布。当一个碳原子与另一个原子形成一个化学键时，两者共享的电子会分布在两个原子之间的空间中。从某种意义上说，这些电子被固定住了，处于静止不动的状态，因此被称为局域化电子（localized electron）。然而，当一个碳原子与另一个原子形成多个化学键时，非同寻常的事情就发生了。碳与相邻原子间的第二个化学键意味着双键中的电子不再被固定在原子之间，而是在更大的空间中运动。这意味着这些电子的轨道更分散了，因此这类电子被称为离域电子（delocalized electron）。

还记得我们上文曾讲过离域电子的运动会产生电流吗？如果碳—碳双键将碳原子连成串，那么电子就可以沿着碳链来回运动，就像它们在电线中流动一样。事实上，这正是当今若干研究领域的出发点。科学家希望利用碳原子结构中的离域化特性创造出不同分子，用于制造电线和其他计算机部件。这一研究领域刚刚开始兴起，被称为分子电子学（molecular electronics）。我们将在下一章里详细论述分子电子学的相关内容。

有一种由碳和氢组成的分子内含有这种重键（multiple bonds）。这种分子对理解电子的离域化性质如何影响有机分子非常重要。这种分子是汽油中的一种成分，因此你可能比较熟悉：苯（benzene）。

在其他化学家努力推断分子的结构时，凯库勒决定打个盹儿：

> 我坐在那里做一些与课本相关的工作，但感觉没什么效率——我的思绪全在其他事情上。于是我把椅子转向炉火并打起盹儿来……一个个原子在我面前舞动。这时，较小的基团低调地躲在后面。我脑海中仿佛有一双眼睛，早已被眼前不断重复的类似场景训练得格外敏锐，能够立刻从许多不同的排列中辨别出较大的结构……看！那是什么？一条咬住自己尾巴的蛇！它在我眼前不停地转圈。接着，仿佛有一道闪电划过，我立刻被惊醒了。

睡眼惺忪的凯库勒意识到，这条蛇代表着苯分子中碳原子形成的六边形环。蛇咬尾巴的场景也并非偶然，因为衔尾蛇是自炼金术时代起便流传不衰的象征符号之一：一条盘成环状，正在吞食自己尾巴的蛇，象征着创造与毁灭的轮回。最终，凯库勒发表了苯环的结构，提出碳原子与周围的原子共形成了4个键，其中与一侧的相邻碳原子形成1个双键，与另一侧的相邻碳原子则形成1个单键，还会与1个氢原子形成1个单键。在这种结构中，单键与双键按照1-2-1-2-1-2的顺序交错排列。凯库勒于1896年去世，未能亲眼见证自己的预言被实验证实。

1928年，E. 戈登·考克斯[1]（E. Gordon Cox）发表了关于苯的晶体结构的研究，最终证实了凯库勒的理论[2]。考克斯的研究发现，在

---

① E. 戈登·考克斯（1906—1996），英国物理学家、晶体学家。
② 作者这里的意思是指苯的六边形结构。

苯分子中，每一个碳—碳键的键长完全相同，呈完美的对称形态。几年后，伦敦科学家凯瑟琳·朗斯代尔[1]（Kathleen Lonsdale）对一种含有 6 个甲基（连有 3 个氢原子的碳原子）的苯环化合物的晶体结构进行了研究。研究得出了相同的结果：这种分子也是呈完美对称形态的二维（平面的）分子。

现在想象一下，沿第一个环的边缘添加 6 个相同的碳环，取代此前在苯中占据该位置的 6 个氢原子。然后在边缘上继续添加相同的环。如此持续添加下去。最终，你将填充出一个由彼此相连的六边形组成的蜂窝状结构。在这个结构中，每个碳原子均完全相同。将这些重复单元扩展至成百上千个，苯就转变成了石墨烯。如图 1-2 所示。

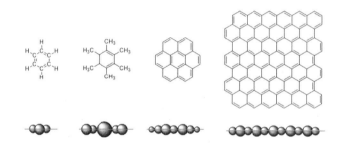

图 1-2　位于上方的浅色图形是含苯环结构的不同分子。不断添加六碳环，最终得到石墨烯。位于下方的深色图形是上图中这些分子的侧视图（仅标出了碳原子）。从侧视图可以看出，这些分子的结构都呈扁平状（制图：约瑟夫·米尼）

上图中，灰色的圆球是碳原子。通过侧视图可以看出，所有碳原子均分布在同一个平面上。为了便于观察，图中没有标出氢原子。无论是苯还是带有 6 个甲基的六甲苯，碳原子都位于一个平面上。在苯环的边缘各添加一个苯环拓展得到的分子通常称为䓛[2]（coronene），

①凯瑟琳·朗斯代尔（1903—1971），英国晶体学家。
②又称六苯并苯。

其结构同样是扁平的。蔻是一类叫作多环芳烃（polycyclic aromatic hydrocarbons，PAHs）的化合物中的一种。

从名字就能看出，多环芳烃是由许多含有碳原子和氢原子的环连接而成的分子[①]，这些环与苯环（芳香环中的一种）具有类似的化学性质。将这种结构拓展到一定的程度，所有的碳原子将彼此交错，形成一张分子"铁丝网"，得到的单层石墨也会同样完全呈扁平状。通过不断添加苯环，多环芳烃将最终"转化为"石墨烯。不过化学家们至今尚不清楚，哪里是多环芳烃与石墨烯性质差异的分界点。据目前的估计，多环芳烃在转化为石墨烯之前至少需要数百个重复的六碳环单元。不过要想真正表现出石墨烯的化学性质，很可能需要添加数千个六碳环。

1924年，两组研究人员分别发布独立的研究成果，称石墨的晶体结构是由碳原子形成的六边形网络，而且这种网络中的碳原子位于同一个平面上。通过对微小的石墨晶体进行分析，这些科学家发现石墨是由这种平面的碳原子层逐层堆叠形成的，这一点很像云母。如果你在徒步旅行中见到过天然云母，就会知道我们很容易从云母上剥下一层。单层云母片非常薄，几乎完全透明。这种云母片能够弯曲而且非常轻，轻到让你难于感觉到的地步。云母片的这些特点和石墨烯非常类似：如果我们能够从石墨上剥离下一片单层的石墨，这片石墨也将近乎透明、异常柔韧而且重量极轻。

空心"球"富勒烯：藏在眼皮底下的化学物质

我们在前文介绍过，石墨、煤和金刚石都由碳元素构成。但既然一种元素的所有原子都是相同的，为什么这三种物质的性质又会有如

---

① 由碳和氢两种元素构成的有机化合物称为烃。

此大的差别呢？这就要回到我们介绍过的共价键以及原子间共享电子的理论上了。某些元素的原子可以通过不同的方式结合，形成不同形式的物质，这会使这些不同形式的物质拥有各不相同的性质。这些由同一种元素构成，但结构不同的物质被称为同素异形体。由于结构上的差异，同素异形体间在性质上可能存在天壤之别。

以硫（Sulfur）为例，这种元素就有多种有趣的同素异形体：既可以是拥有 2 个硫原子的无色气体（S_2），也可以是 3 个硫原子结合在一起形成的桃红色气体（S_3）。硫也有多种固态的同素异形体，这其中亮黄色的 S_8[①] 既可以采自大块的火山晶体，也可以采自炭或者其他制造火药的原料中的黄色粉末。在高温和高压下，硫可以形成能像金属一样导电的固态形式。磷、碳、氧和许多其他元素的原子有各不相同的结合方式，这赋予了它们不同的性质。我们对无色透明的氧气都很熟悉，因为我们必须呼吸氧气才能生存。但如果你用近百万的大气压压缩氧气，那么氧气将会转变为深红色的固体。

在极端的环境下，元素会改变自身的形态以及原子间的键合方式，这一理念现在已广为人知，矿工对此的认识尤为深刻。在史前的树木和沼泽中的植物死去并深埋于地下后，这些含碳物质所承受的压力和温度会不断提升。久而久之，碳原子会被越来越紧密地挤压到一起，其他元素则会与周遭的物质发生反应，并被排挤出去。水、硫化氢（hydrogen sulfide）和其他较轻的分子都会被排挤出去，而所有的碳则被聚集在了一起。随着时间的流逝，这类反应会不断发生，因此碳原子会被挤压得越来越紧实。最终，所有杂质都会被清除掉，仅留下一层煤，或者说无定形碳（amorphous carbon）。

不过如果这层煤继续被深埋于地下，在更高的温度下被进一步

---

① 又被称为斜方硫或菱形硫。

挤压，那么碳原子将会发生重排。碳原子间会形成共价键，而且形成共价键的碳原子会位于同一个平面上。不同的平面则会层层相叠。

无烟煤（anthracite coal）是煤化程度最高的煤，在高温高压下会发生质变，转化为石墨，原子的排布将会就此从无序转变为有序。最终，石墨从地下被开采出来，用于制作铅笔或加入到轴承中作为润滑剂。此外，石墨还可以与高科技应用相结合，我们将在后面的章节中再做介绍。无定形无烟煤与石墨和金刚石一样，同属碳的同素异形体。关于碳的同素异形体，我们此前还介绍过其他种类。

木炭也是其中广为人知的一种。大体来说，木炭闻起来有股烧焦的味道，带着火焰熄灭后苦涩的浓香。如果用手指沿着木头烧焦的纹理划过，会感觉很平滑。而如果将手指逆着纹理划过，则会感到木炭粗糙磨手，而且手指上会留下黑色的碎渣。我们可以轻而易举地将木炭压成细粉。如果在这种细粉中混入硫和硝酸钾（potassium nitrate），我们便制成了火药。木炭是已知最古老的碳单质之一，尽管当时的人们并不知道这一点。当人类发现火时就对木炭有了了解，而在冶炼技术出现后，木炭更是成为人类的一种重要资源。

与木炭相比，金刚石扮演着截然不同的社会角色。金刚石的触感和味道没有什么与众不同之处，但它无与伦比的透光率和折射能力却令消费者为之着迷。由于硬度极大，金刚石还扮演着重要工业材料的角色，被广泛应用于锯片、砂纸和其他高应力设备中。

1814年进行的一项实验可能会令某些宝石学家大呼暴殄天物。汉弗莱·戴维爵士在这一年去了意大利的佛罗伦萨（Florence），在那里获得了一颗高品质的金刚石样本。他把这枚金刚石放到了一个装有纯氧的钟形玻璃罩里，然后像小孩子们玩弄放大镜一样，利用透镜聚焦太阳光，点燃了这枚金刚石。在伦敦皇家学会出版的科学刊物《自然科学会报》（*Philosophical Transactions of the Royal Society of London*）上，戴维爵士记录道"升起的火光十分稳定，呈现耀眼的红色，即使在最明亮的日光下也清晰可见"。

当金刚石燃烧完之后，没有留下任何残留物。没有灰烬，没有奇怪的金属氧化物粉末，什么都没有。戴维同时还指出，燃烧最终产生的气体是纯的二氧化碳。戴维随后在相同的装置中燃烧了一块木炭，实验结果与金刚石的燃烧实验完全相同。他最终得出结论：金刚石和木炭的成分一定是相同的，它们一定是由相同的物质构成的。

碳的另一种晶体形式是石墨。我们在本书一开始时介绍过，石墨是由多层石墨烯堆叠到一起产生的。如果你将一块石墨握在手中，会感觉很平滑，甚至润滑到感觉油腻的程度。如果手在石墨上多抹几次，你会发现手指上会出现一层淡淡的灰色。如果将石墨块划过一张纸，你会发现石墨并不会像煤那样碎掉。相反，它将沿一条灰色的线脱落掉薄薄的一层，你会以为这是铅笔画出的痕迹。直到本世纪，人们才开始了解单层石墨的剥离技术，本书的后续章节将深入探讨这一话题。

巴克敏斯特富勒烯（buckminsterfullerenes）是碳的同素异形体中的最新成员，通常简称富勒烯，也就是俗称的巴克球（buckyballs）。"球"的称谓来自这类分子的形状——富勒烯都是由碳原子构成的空心球体。最早发现的巴克敏斯特富勒烯是 C_{60}，它也是富勒烯家族中最知名的一种。当然还存在许多规格不同的富勒烯笼型结构。它们都是最近发现的碳的同素异形体，最初是在真空室中用激光汽化蒸发石墨块生成的。科学家们后来发现了利用电弧制备富勒烯的方法，我们将在后面的章节中进一步介绍。

有趣的是，从蜡烛、火炬和油灯产生的黑色煤烟物质中都可以分离出富勒烯。当你下一次点蜡烛的时候，可以尝试将一个玻璃杯或一个盘子置于火焰上方。有没有看到一些聚积物？你刚刚亲手制出了富勒烯哦！这种聚积物被称为灯黑，自古以来便被用于制造墨水、化妆品和染料。

事实上，灯黑之所以是黑色的，是因为其中大小不同的碳簇①（carbon clusters）以及其他副产物吸收了所有的可见光。灯黑中的每一个粒子都能吸收一种特定颜色（对应于不同的波长）的光。如果你把不同的富勒烯分别溶解到装有苯的不同器皿中，那么你将得到色彩如彩虹般绚丽的溶液，这是因为不同的富勒烯会吸收不同波长的光，从而使溶液呈现出各不相同的颜色。

不同大小的富勒烯分子之所以会吸收不同颜色的光，是因为这些分子的电子轨道有所不同，只会与特定波长的光发生高效的共振作用。不同富勒烯分子的这种差异将直接决定我们的眼睛看到的是紫色、橙色还是黄色。巴比伦人、埃及人及其他文化族群都曾利用过这种高科技材料，将其用作"眼影"和"睫毛膏"。你可以想象一下，如果把这些元素使用于复古未来主义②小说（retrofuturistic fiction）中，会产生何种效果。作为灯黑的一部分，富勒烯就藏在人们的眼皮底下，但和许多伟大发现一样，富勒烯的发现也纯属偶然。

碳纳米管（carbon nanotubes）与巴克敏斯特富勒烯类似，是由石墨烯薄片卷成管状形成的，就像用硬纸板裹成的纸筒一样。碳纳米管的两端通常都冠有半球形的结构，可以说每一端带有半个巴克球。由于碳纳米管的长度通常要比其宽度长得多，甚至有可能比宽度长出一百万倍，因此碳纳米管有时被认为是单维材料。它们的这种丝状和线状特性使其很适合用于制造具有导电性的新型材料和复合材料。

---

① 指碳原子数量不同的富勒烯。
② 复古未来主义是指当代艺术中对早期的未来主义设计风格的模仿，兼具"复古风"和"科技感"。

剥下单一的碳原子层

我们怎么才能知道分子的这些不同形式间确实存在差异呢？是否能有一种设备，可以告诉我们这些分子究竟是什么样子的？我们能不能找到一种神奇的方法，可以像生物学家给小动物拍照片那样为分子拍摄出照片，供研究使用呢？绝对能。而且毫无疑问，这是一种科学的方法，而不是什么神奇的魔法。

科学家惯用的一种测量分子或原子晶体的方法被称为 X 射线晶体衍射（crystal x-ray diffraction）。在测量过程中，晶体的电子云能使高能的 X 射线发生散射。这种散射是可预测和可重复的，从数学上看，每种晶体类型的测量指标都是独一无二的。各个原子散射的 X 射线会发生干涉，从而产生特别的干涉模式。通过分析这种干涉模式，晶体学家就能非常精准地确定原子在分子中的位置，从而确定分子的形状。

20 世纪初期，X 射线晶体学成了一个崭新且令人兴奋的研究领域。最先推动该领域背后数学理论发展的是马克斯·冯·劳厄[1]（Max von Laue）。由于 X 射线晶体学极具开拓性，大量物理学家、化学家和地质学家开始争相使用这种前所未有的方法研究矿物或有机物的晶体样本。冯·劳厄也毫无悬念地凭借晶体衍射领域的发现获得了 1914 年的诺贝尔物理学奖。紧接着，1915 年的诺贝尔物理学奖被授予了一对父子——威廉·亨利·布拉格[2]（W. H. Bragg）和威廉·劳伦斯·布拉格（W. L. Bragg）。

布拉格父子发现，有机物分子晶体产生的 X 射线衍射模式是这种

---

[1] 马克斯·冯·劳厄（1879—1960），德国物理学家。
[2] 威廉·亨利·布拉格（1862—1942），英国物理学家、化学家。因"利用 X 射线对晶体结构的分析"于 1915 年与其子威廉·劳伦斯·布拉格（1890—1971）分享了诺贝尔物理学奖。

分子独具的特性。也就是说，利用 X 射线晶体衍射分析，可以"看到"他们感兴趣的分子。

要进入这一研究领域并非易事。研究者必须具备高深的数学功底，才能解读出照相底板上的亮点和暗点背后隐藏的含义，否则一切将毫无意义。

在自动计算技术出现前，人们分析 X 射线晶体衍射数据时需要在计算上耗费数月的时间，每年只能得出几个新的分析结果。这是一个漫长而艰辛的过程，如果记录的数据不够准确，你就有可能会浪费数月时间，最终发现走入了死胡同，只好再重新获取更加准确的数据。早期关于晶体分析的文献中充满了研究人员相互指责的例子，因为个人极微小的错误分析，往往便会导致对晶体结构整体理解的偏差。

自从 20 世纪 60 年代计算机技术被引入 X 射线晶体学领域以来，晶体结构不仅更易于破解了，而且破解频率也快了很多。现在，有关晶体衍射的数据收集工作甚至可以在一夜之间完成，数据分析也只需要几天的时间。新技术带来了惊人的研究进展，在制药领域尤其如此。利用晶体衍射对蛋白质的结构进行分析，科学家可以找到治疗某种疾病的高效药物的成分以及分子的形状[1]。

威廉·亨利·布拉格的学生凯瑟琳·亚德莉·朗斯代尔[2]（Kathleen Yardley Lonsdale）同样成就卓绝。她于 1903 年出生于爱尔兰，但由于年幼时父亲处境艰难，因此自小在英国长大[3]。朗斯代尔完全凭借自身的努力，成为 X 射线晶体学领域的学术先锋，并最终成为国际晶体学联合会（International Union of Crystallography）的第一位女性主席。

---

① 指药物分子的三维结构。

② 就是本书前文中提到的凯瑟琳·朗斯代尔。

③ 作者在这里未作过多的描述。目前能够查到的这方面的资料非常有限，根据这些资料，朗斯代尔一共有 10 个兄弟姐妹。朗斯代尔的母亲于 1908 年带着儿女离开了朗斯代尔的父亲，搬去了英国。

当她还在上小学的时候，朗斯代尔对自然界的研究热情就达到了近乎饥渴的程度。由于女子学校不开设自然研究课程，因此她离开了原来的高中（伊尔福德郡女子高中），改赴男子学校上学。朗斯代尔很快就从高中毕业，并在 16 岁时进入贝德福德女子学院（Bedford College for Women）。在那里，她依然表现出色，并获得了多项奖学金。

朗斯代尔的出色才能没有被埋没，诺贝尔奖得主威廉·亨利·布拉格很快便聘请她进入自己的实验室工作。以这项工作为起点，朗斯代尔在之后的职业生涯中取得了非凡的成就。1945 年，她成为第一位当选皇家学会（相当于英国的国家科学院）会士（Fellow of the Royal Society）的女性。同时当选的还有另一位名叫玛乔莉·斯蒂芬森[①]（Marjory Stephenson）的女微生物学家。

朗斯代尔于 1971 年去世，在她去世前不久，科学家在陨石中发现了一种金刚石的新形式。为了纪念朗斯代尔，这种新的矿物被命名为朗斯代尔石（lonsdaleite）。

有趣的是，在朗斯代尔之前仅有一名女性被提名为皇家学会会士。1902 年，也就是朗斯代尔出生前一年，赫莎·埃尔顿[②]（Hertha Ayrton）曾获得提名。然而，英国皇家学会驳回了她的提名，原因很简单：她是一名女性。尽管如此，埃尔顿仍然是一位成果丰硕的科学家和数学家。2010 年，她被追授为英国历史上最具影响力的十大女科学家之一。朗斯代尔同样名列其中。

在与威廉·亨利·布拉格合作期间，朗斯代尔收集了许多石墨

[①] 玛乔莉·斯蒂芬森（1885—1948），英国微生物学家、生物化学家，对细菌代谢领域的研究有重要贡献。

[②] 赫莎·埃尔顿（1854—1923），英国数学家、物理学家、工程师和发明家，曾因在电弧以及水的涟漪等领域的研究获得英国皇家学会休斯奖章（Hughes Medal）。

样本，并利用 X 射线衍射确定了其结构。在那时，科学家已经知道石墨是煤中一个很有趣的品类，因此使用碳的分子式 C 来表示石墨。X 射线衍射是一种有效的工具，能够帮助我们搞清楚为什么虽然金刚石和石墨同样由碳构成，但看起来却如此不同。

朗斯代尔的发现在当时看来很新奇，但也算不上什么惊天动地的发现：碳原子沿平面延展形成一层层六边形网络，不同的层逐层堆叠到一起。处于同一层的碳原子之间距离相对较小，而处于不同层的碳原子的间距则要大得多。这一特点直接导致同一层的碳原子间以及不同层的碳原子间的相互作用在强度上存在巨大差异。也就是说，同一层的碳原子间的化学键要远强于不同层的碳原子间的化学键。

自那时起的近 80 年里，有一个问题一直困扰着研究人员：是否有可能剥离出单一的碳原子层，这种单层结构将具备哪些性质？我们现在知道单层石墨被称为石墨烯，而我们此时正身处石墨烯革命的热潮中。

根据石墨烯的晶体结构，我们可以做出一些推测。同一层碳原子间的碳键的长度表明石墨烯具有芳香性。这也就意味着同一层的碳原子间的结合很紧密，而且碳原子"沉浸"于离域电子中。如果这种推测是正确的，那么石墨烯应该就是一种性能良好的导体。这完全符合当时科学家们的认知，因为从 20 世纪 20 年代起，在近半个世纪的时间里，石墨碳棒在各种生产流程中都被用作电极。

事实上，你甚至可以自己在家中体验一下石墨的这种特点：取一支铅笔，切断橡皮端，然后将两头削尖。如果将一个伏特表或者万用表连接到铅笔上，你就可以测量出这支铅笔固有的电学性能。你甚至还可以亲自动手，在纸上制作一个真正可运行的石墨电路。你要做的只是利用铅笔画几条线，然后连接上一节电池。如果你在电路中连上一个发光二极管（LED），那么它就会真的亮起来！

然而，科学家在上个世纪并没有很好地预测到石墨烯的其他性质。石墨是灰色的，也不透明，但单一的碳原子层会是什么样子呢？它还具备什么潜力在等待我们去发掘吗？

石墨烯之所以能够成为一种极强韧且具有良好导电性能的材料，其二维的结构起着至关重要的作用。石墨之所以具有润滑剂的性质，正是因为同层的碳原子间结合得很紧密，而不同层的碳原子间结合力较弱。这使不同的碳原子层间能够轻松实现相互滑动。由于电子通常都"贴附"在它们所属的碳原子层上，因此石墨在碳原子层的平面上的导电性能极佳，但层间的导电性能却很差。

如果你还是不太理解，可以这样想想。假设你自己就是石墨烯上的一个电子，那么你可以随心所欲地前后左右任意移动。做个类比的话，就相当于你在地面上随意散步。你可以在一片平坦的开阔地上肆意奔跑，没有任何障碍。这片土地为你开启了前后左右四个运动方向。

然而，要想向上下两个方向运动可就不容易了。现在想象一下你身处的这片开阔地。户外天气晴好，地上是一望无际的青草。仰望天空，万里无云。在这个晴朗的日子里，你抬头看到空中飘浮着一个个浮动的平台，这些平台与你所处的土地完全相同。

让我们来想象一下这些平台上的场景。在不同高度悬浮的平台上，有一个个狗狗公园。当你站在一个公园的地面上时，你很清楚所有公园都是完全相同的——你和你的狗狗可以自由地奔跑，并一起玩扔飞盘的游戏。在地面上漫步一段时间后，你就会到达这片土地的边缘，见到陡峭的悬崖。悬崖下面，还有许多完全相同的土地。其他人也在你视野下方的土地上漫步和奔跑。

当你站在悬崖边的时候，可以看到一座座梯子连接着不同高度上的土地。不过，要想通过悬梯从一层到达另一层，仍然是困难重重的事情。考虑到如果要转移到新的公园，自己不得不抱着狗狗，你可能多半会失去换一层的兴趣，而是选择留在现在的这片土地上继续漫步。从量子力学的角度来看，你也不太可能选择走近悬梯并动手攀爬。因为由奔跑到攀爬，这种运动模式的改变需要很多能量，而且注意力需要高度集中。

这样一种材料最初时纯属学术上的探究，并没有过多重要的意义。如图1-3所示，石墨烯起初并未引起科学界或商界的浓厚兴趣。直至20世纪90年代，科学文献中都很少提及石墨烯的概念。从1900年到1990年间，每隔几年会零星发表一些相关的论文。

然而，在上世纪80年代末碳纳米技术腾飞之后，伴随着富勒烯和纳米管的发现，人们对石墨烯的兴趣被重新点燃。扫描隧道显微镜（scanning tunneling microscopy）等新的分析技术使人类拥有了空前高的分辨率，可以在原子尺度上对化学系统进行研究。自此，每年都会有数十篇论文发表，探讨如何分离这种难以捉摸的材料，并研究其性质。

直到2001年，在诺沃肖洛夫和海姆使用简单的透明胶带分离出石墨烯后，石墨烯研究才真正开始进入主流视野。我们将在第3章详细介绍石墨烯的整个发现历程。

仔细观察图1-3就会发现，相关论文的发表数量在2010年出现了大幅增加。而诺沃肖洛夫和海姆正是在这一年凭借其9年前的发现获得了诺贝尔化学奖。在获奖后的6年时间里，全世界发表了数十万篇相关论文，并在这种神奇材料上投入了数十亿美元。正如你将在后续章节中读到的，前进的道路并非一路坦途。

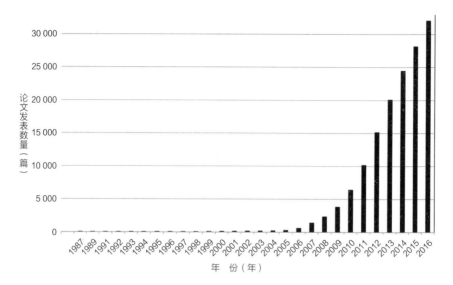

图 1-3　谷歌学术（Google Scholar）收录的有关石墨烯论文的年度发表数量

（制图：约瑟夫·米尼）

第 2 章
碳基纳米材料的认知之旅

如今，报纸上科技板块的文章对于石墨烯所能创造的奇迹充满期待。美国有线电视新闻网（CNN）的一篇文章将石墨烯称为"能够凭空获取能源的神奇材料"。《华盛顿邮报》（*Washington Post*）则撰文论述了"关注石墨烯的理由"。《纽约时报》（*New York Times*）的一篇文章的标题是《易弯折，高储能，可防水：石墨烯，真正的未来新材料》（*Bend It, Charge It, Dunk It: Graphene, the Material of Tomorrow*）。《时代周刊》（*Time*）的评价则更加直截了当："石墨烯：未来新材料。"

"未来"一词成了贯穿此类文章的主线。有关石墨烯未来应用的报道笼罩着浓厚的神奇色彩，令人感觉巨大的变革即将到来。媒体对石墨烯的这些报道令人兴奋，但很多报道又兼具期待和炒作的元素。就像迪士尼的明日世界主题公园（Tomorrowland park）和（已放弃的）未来实验原型社区①（Experimental Prototype Community of Tomorrow，EPCOT）一样，石墨烯也会激发起人们对未来的乐观和向往。

沃尔特·迪士尼（Walt Disney）是当之无愧的未来主义思想家，

---

① 未来实验原型社区是由迪士尼公司创始人沃尔特·迪士尼提出的概念，其目的是建造一座城市，用作未来城市发展的蓝图。

正是对于"未来"的期许给予了他无限的灵感,指引他实践自己的伟大愿景。事实上,EPCOT 最初的设计灵感之一(与今天迪士尼世界的 Epcot 主题公园已大不相同)便源自一本名为《未来花园城市》(*Garden Cities of Tomorrow*)的书。但对于许多已经走出实验室,取得了应用的研发成果而言,那个时代的"未来"早已成为过去。

在过去,手机和视频聊天都只会出现在科幻小说里,火箭、无线充电和机器人也是当时的未来主义者眼中炫酷的"未来"。这些技术如今都已经成为现实,现在轮到我们去想象未来了。巴克敏斯特·富勒[①](Buckminster Fuller)是一位未来学家和建筑师,他设计的穹顶曾被 EPCOT 所采用。在他 1938 年的著作《月球九链》(*Nine Chains to the Moon*)中,富勒阐述了自己对未来的憧憬。

我们可以列举出许多颠覆性的发明,这些发明一度被吹捧为是"将改变世界的重大发明"。我们将在第 8 章探讨其中一些例子,这些发明中有些取得了难以想象的成功,而另一些则彻底失败了。

"未来"一向是由那些实实在在的发明创造的,从来与那些虚张声势的发明无关。例如,我们现在已经拥有互联网,但还尚未实现冷核聚变。这些都只不过是泛泛的例子,说明它们曾经帮忙塑造出了我们今天使用(或没有使用)的技术。但是,富勒烯和纳米管等其他由碳构成的,曾被预言会在医药、电子、休闲和艺术领域产生颠覆性影响的材料,又是什么情况呢?富勒烯在 20 世纪 80 年代曾受到热捧,而纳米管引发的激情则在 20 世纪 90 年代末达到顶峰。

从 1985 年富勒烯被发现开始,各种科学评论就不断高调地宣称由碳构成的高科技材料几乎存在无穷无尽的革新潜力,革新的领域大到

---

① 巴克敏斯特·富勒(1895—1983),美国建筑师、设计师、发明家、未来主义者。本书前文中提到的巴克敏斯特富勒烯便是以他的名字命名的。

汽车和建筑，小到烹饪和服装，无所不包。2016年，在科学期刊《碳》（*Carbon*）上发表的一篇评论中，该刊的编辑对石墨烯和石墨烯相关材料研发所面临的诸多挑战进行了总结。他们不仅介绍了自己所感受到的挑战，列出了他们认为亟待该领域研究人员解决的问题，还鼓励研究人员积极向该期刊投稿。

"碳科学女王"的故事

自本世纪初以来，对碳元素的研究一直是纳米材料研究的一个重要推动力，因为在科学家们的心目中，这种元素的应用领域颇多。对碳的研究面临的一个重大挑战是将其二维结构转化为三维结构。这篇评论的作者们还探讨了利用零维的富勒烯以及一维的碳纳米带和碳纳米管制造碳基特殊材料的思路。这些材料的特性将取决于其形态以及其中碳-碳键的类型。

在开始探讨未来之前，让我们继往开来，先回顾一下过去。搞清楚我们对碳基纳米材料的认知从何而来对我们一定有帮助。几乎毫无疑问，我们对于碳基纳米材料的认知最初源自有"碳科学女王"之称的已故物理学家米尔德里德·德雷斯尔豪斯①（Mildred Dresselhaus）。

米尔德里德·德雷斯尔豪斯教授（身边的亲朋好友亲切地称呼她为"米莉"）出生于纽约布朗克斯区（Bronx）的一个贫困家庭。最初，她能享受到的教育资源并不理想，但凭借个人的努力，她总能在同学中脱颖而出，赢得宝贵的奖学金。米尔德里德学习刻苦，在13岁时进

---

① 米尔德里德·德雷斯尔豪斯（1930—2017），美国物理学家，对石墨、富勒烯、碳纳米管等研究领域有重大贡献，曾获得美国国家科学奖章（National Medal of Science）、恩里科·费米奖（Enrico Fermi Award）等重大奖项。

入了亨特学院（Hunter College）的女子高中就读。她在这所学校遇到了自己的指导老师，教授物理的罗莎琳·雅洛[①]（Rosalyn Yalow）。

尽管当时的女性面临着相当的社会压力，往往会从事较为"传统"的职业，但雅洛仍然鼓励德雷斯尔豪斯未来从事科研工作。20世纪70年代，雅洛凭借其在放射免疫分析法领域的研究获得了诺贝尔生理学或医学奖，利用这种技术，科学家可以对人体内特定的分子进行检测。

从亨特学院毕业后，米尔德里德又在芝加哥大学（University of Chicago）完成了研究生学业。她和新婚丈夫吉恩·德雷斯尔豪斯（Gene Dresselhaus）随后离开芝加哥前往康奈尔大学（Cornell University），吉恩应邀到那里担任教授。米尔德里德·德雷斯尔豪斯则在康奈尔大学担任博士后研究员（简称博士后），从事超导材料的基础物理学研究。博士后原本就属于临时性的职务，因此米尔德里德不得不密切关注其他研究机构空缺的别的研究方向的职位，以便获得一份稳定的工作。

在那之后，德雷斯尔豪斯夫妇便开始努力寻找一个可以扎根的地方，但对于当时的研究机构来说，同时雇用一对科学家夫妇是十分罕见的。尽管在今天这种情况已经较为常见，但对于已婚的专业人士（尤其是学者）而言，仍是一种挑战。

这种困境常常被称为"二体问题"（two-body problem）。诚如其名，这种调侃的叫法借用自牛顿力学中的一个同名问题。这意味着在考虑自己的职业轨迹和目标时，已婚的研究生和博士后必须慎重考虑自己伴侣的情况，以期对方也能在大学或实验室找到一份工作。如果夫妻双方从事的是相同或相近领域的研究工作，那么问题就复杂了，因为研究机构的同一部门通常不会同时招募两个职位。

[①] 罗莎琳·雅洛（1921—2011），美国医学物理学家，因"开发针对多肽类激素的放射免疫分析法"于1977年获诺贝尔生理学或医学奖。

在寻找独立的职业发展方向的过程中，米尔德里德·德雷斯尔豪斯曾向多位导师寻求建议，希望能够在院校和研究领域的选择上获得指导。在芝加哥大学时，她的工作重点是利用元素铋（Bismuth，多用作着色剂以及一种亮粉色胃药中的有效成分）制备高温超导体。但德雷斯尔豪斯很清楚，高温超导体在那时已经渐渐不是科研热点课题了。

幸运的是，她和吉恩在 1960 年双双收到了麻省理工学院（Massachusetts Institute of Technology，MIT）的本·拉克斯[①]（Ben Lax）博士的邀请，加入了该校的林肯实验室（Lincoln Laboratory）。正是在林肯实验室，米尔德里德开始研究载流子[②]（charge carrier）在半导体中运动的物理学原理。

载流子由电子和某种直观上不容易想象的"空穴"（hole）组成。这种空穴是由于原子中本应存在的电子缺失造成的。缺少负电荷的地方便会形成一个空穴，或者说空洞，而其表现则与一个正电荷类似。硅（Silicon）和锗（Germanium）等半导体是用于计算机和现代电子产品的重要材料。在对许多种不同类型的材料进行了分析后，德雷斯尔豪斯夫妇最终决定更换研究方向，吉恩建议米尔德里德着手研究石墨类材料的特性。

在 1960 年时，已知的碳的同素异形体只有石墨和金刚石两种。石墨之所以质地柔软，是因为其层层堆叠的六边形碳原子网络与金刚石中的坚固立方体结构迥然不同。富勒烯和纳米管要在几十年后才会被发现，连具有平行六边形晶格结构的朗斯代尔石也是在同时代的晚期才被发现的。1957 年发现的碳纤维（carbon fiber）也不过是一种成本高昂的学术探索成果，算不上什么轰动一时的新材料。

---

① 本·拉克斯（1915—2015），匈牙利裔美国物理学家，对半导体研究领域做出了重要贡献。
② 简称载子，在半导体内运动的电荷载体。

由于碳随处可见，而石墨又是从地下挖出来的普通原料，所以并未引发太多关注。直到那时，石墨的主要用途仍然和16世纪中期时的用途完全一样。你对这一用途一定十分熟悉，那就是被用于制造人人都会用到的铅笔芯。

20世纪中期的科学研究普遍忽视了石墨。2017年2月，米尔德里德在去世前最后一次接受采访时还曾回忆道："那时全世界每年大约只会发表三篇相关的论文，这些论文几乎全都是我发表的。"她接着还讲述了自己如何对"无聊"的石墨材料展开研究，以及这项工作如何帮助她赚钱养家。尽管当时的科学界充斥着性别歧视的氛围，但她坚持了下来。

利用激光和磁体，米尔德里德、吉恩和拉克斯博士都对石墨样本中电子能量的分布位置进行了研究，并发表了他们的研究结果。用科学术语来说，他们确定了石墨的能带结构（band structure），从复杂的数学和实验数据中发现了许多有趣的曲线。就在三人开始实验之前，一位同事曾利用石墨烯（当时被称为二维石墨）来计算电子在单层石墨中的排列方式。在进行有关三维结构的计算时，一旦将问题简化为二维问题，计算将会大大简化。

这种简化是数学家和物理学家惯用的一种方法，目的是把不可能的或极其困难的计算简化成更容易处理的问题。这些简化方法有时会在科学期刊和学术会议上引发激烈的争论。由于学术上的意见分歧，讨论中难免会出现不少尖刻的言论。无论是支持还是反对这些简化方法，研究者们的目的都是为了推动科学的进步。

虽然这些简化方法无法完全覆盖复杂问题的方方面面，但使用这种方法确实能够解答许多复杂的问题。在高中或大学学过物理的人可能还记得这种解决问题的策略。当我们在思考一个复杂的问题时，对系统进行某些假设可以使问题更容易被解决。例如，你可以把一个球同时受到的多个力视为在一个点上受到的较大的力，因为利用笔和纸来真实完整地呈现整个球几乎是不可能的。

然而在实验领域，问题的简化却远非这样简单。虽然石墨烯具有高度对称的晶体结构，但每片石墨烯的尺寸都很小而且形状也不规则。如果你从地下挖出一块石墨握在手中，那么这块石墨绝不会是一块单个的晶体。相反，它是由许多微小的晶粒混合在一起构成的，研究晶体的科学家们因此把大块石墨称为多晶体（polycrystalline）。下次在酒会上，将这个词脱口而出，相信会有更多人向你礼貌地点头，对你的言辞表示认同。

高结晶度（high crystallinity）是测量能带结构的必要条件，只有这样电子才能沿着层层平行相叠的石墨烯片层移动或者在层与层之间移动。如果单片平面出现倾斜或扭曲，就会引起扰动，信号就会出现混乱，研究人员便无法取得确定性的观察结果。让我们回想一下上一章中提到的许多飘浮在空中的平面。如果这些平面出现了交叉，狗狗们就可以在各层之间随意移动，那么我们便会难以追寻它们的行踪。

在 20 世纪 60 年代，没有什么公司会争相证明自己能够生产出最高质量的单晶石墨[①]（single-crystalline graphite）。和过去几个世纪一样，那时的石墨生产公司把注意力都主要集中在了生产铅笔上。因此米尔德里德·德雷斯尔豪斯没办法直接打电话和供应商说："我想要你们最好的单晶石墨。"她也不可能轻松地搭上公交车，在拐角的某个市场买到高品质的碳。

为了完成正规的实验，米尔德里德、吉恩和拉克斯博士不得不去寻找更合适的材料。1960 年，米尔德里德发现只要温度和压力足够高，就能够将石墨转变成金刚石。这在一定程度上激励了其他科学家，使他

---

① 单晶与多晶相对，是指晶粒在三维空间中有规律、周期性排列的晶体。

们积极探索在各种极端环境下,纯碳会发生哪些有趣和不同寻常的变化。

在那之后不久的 1962 年,两位科学家 L. C. F. 布莱克曼(L. C. F. Blackman)和阿尔弗雷德·厄布洛德(Alfred Ubbelohde)在反应器内加热甲烷(methane),反应产生了有趣而非比寻常的结果。经过仔细检测,他们发现甲烷中的氢原子与碳原子的共价键发生了断裂,反应得到了一种残留物,而这种残留物实际上就是石墨:残留物由一层层的碳原子层堆叠而成,每一层的碳原子彼此结合,形成六边形的网络结构。

这种晶体甚至比我们开采出的任何石墨样本都要大。材料中的结晶度极高,因此厄布洛德的研究小组被认为是最早制造出高定向热解石墨(Highly Oriented Pyrolytic Graphite,HOPG)的团队。厄布洛德随后与米尔德里德展开了合作,正是利用厄布洛德提供的样本,米尔德里德才搞清楚了石墨的电子学性质。

布莱克曼和厄布洛德的实验之所以能够产生石墨,得益于一种叫作化学气相沉积(Chemical Vapor Deposition,CVD)的技术。这种技术的应用面十分广阔,并不局限于甲烷或其他碳基气体。只要反应器中的条件适当,化学气相沉积还能产生硅原子或者更复杂的分子。一切都取决于你想制备什么。例如,在另一种条件下,反应器中将不会产生石墨,而是形成金刚石。现在甚至有公司可以帮助你将至亲的骨灰转化为钻石,实现钻石恒久远,一颗永流传。

2016 年,英国的化学家发明了利用化学气相沉积技术回收再利用废弃核材料的巧妙方法。首先,他们将此前用于防护反应堆堆芯的石墨进行加热,将其转化为气体。由于吸收了反应堆中的自由中子,这些石墨中的碳会转变成为一种重碳形式[①],并且具有放射性(半衰期超过 5 000 年)。因此在很长的一段时间里,这些重碳都能持续释放少

① 指下文中提到的碳 -14(^{14}C)。

量的能量。如果能够捕获这些能量，我们就能对其加以利用。那么，我们如何才能安全便捷地做到这一点呢（毕竟谁也不愿意与核电池亲密接触）？化学气相沉积技术为我们提供了一种巧妙的方法。

通过升华（sublimate）富含碳-14（^{14}C）的石墨，这些研究人员用富含重碳的气体生成了一颗金刚石。为了使用户免受过度高能辐射的伤害，这颗小金刚石外又包裹了一层由非放射性碳制成的金刚石。重碳在衰变时会产生能量：碳-14（^{14}C）的原子核会释放出一个高热且高能的电子以及一个叫作反中微子（antineutrino）的粒子，从而使一个碳-14原子嬗变为一个氮原子（^{14}N）。被释放出的电子此时便可以在电路中移动，为电子设备提供电力，用于播报时间、拍照或进行计算。由于能量有限，这种方法只适用于耗电量少、使用时间长的应用。

当化学气相沉积技术被用于制备高定向热解石墨，并且得到的样本能够被用于对石墨烯的性质进行纳米级的测量时，在实验室中破解石墨烯的性质才开始成为可能。可惜的是，这项工作并没有立即成功地剥离出石墨烯薄片，不过米尔德里德和她的学生搞清楚了电子和声子[①]（phonon）在石墨烯化合物中运动的更多细节。

此外，这项工作还将他们引向了对石墨插层化合物（intercalation compounds of graphite）的研究。插层化合物是一类非常有趣的材料，它们是诸如石墨这样的材料接纳并混合另一种材料形成的一种全新三维结构。我们将前一种材料称为主体材料（host），后一种材料称为客体材料（guest）。由于主体的石墨片层之间的相互作用较弱，这就使客体原子或分子可以在其间自由滑动。

例如，金属钾（Potassium）能与石墨发生反应，形成一种插层化合物。当将熔化后的钾注入石墨时，钾原子就会挤入石墨片层的间隙，

---

① 声子是晶格振动的能量量子。

并被嵌套在由碳环形成的空洞中。钾原本是闪亮的银色金属，而石墨在研磨成粉状后则呈黑色。有趣的是，当这两种材料相互结合并完成插层反应后，产生的粉末变成了较深的黄铜色。

同样令人惊讶的是，钾和碳结合产生的这种物质竟然具有超导性，不过这种性能只有在超低温的条件下才会表现出来，因此暂时无法得到大规模的应用。在插层反应中究竟发生了些什么？为什么钾竟然会"想"与石墨混合呢？

在这个特定的例子中，钾不带净电荷。它的外层电子轨道上有一个电子，迫切期待脱离束缚。如果你曾将钾或者钠（Sodium）投入水中过，那么你一定对随后发生的反应印象深刻：绚丽的火花、响亮的反应声，整个反应可谓充满了一种活力之美。这两种金属与水的反应均极为剧烈，这都是因为它们外层电子轨道上多出的那一个电子。

石墨具有极佳的导电性能，这使石墨在与钾发生插层反应时可以分散钾的这个电子，将电子间的排斥力分散到更大的区域，以稳定新生成的材料内的钾离子，这就使钾成了主体材料石墨的客体材料。由于石墨中额外添加了来自钾的电子，因此反应产物的电子对称性与普通石墨就有所不同。

然而，石墨并非只能作为受体，从原子或分子供体处获取电子。石墨还能作为供体，为强大的受体提供电子。额外电子的负电荷可以在石墨片层上分散分布，从而稳定钾离子。这种分布同样也能稳定电子移除（会形成上文中提到的空穴）后产生的正电荷。研究半导体的物理学家不太喜欢"移除电子"（remove an electron）这个术语，所以当你在与这一领域的物理学家交谈时，一定要改用"空穴注入"（inject a hole）这个词，让自己听起来专业一点，在谈论电荷平衡的话题时也是如此。

插层反应研究中遇到的大量问题（气流不稳定、爆炸、样品难于处理等）为像米尔德里德·德雷斯尔豪斯这样的凝聚态物理学家提供了有趣的研究线索。在整个 20 世纪 70 年代，米尔德里德一直专注于对插层化合物的研究，这些研究甚至一直延续至 20 世纪 80 年代初。在 1997 年的《材料科学年度评论》（*Annual Review of Materials Science*）中，德雷斯尔豪斯写道：

> 多年来，尤其是在我职业生涯的初期，碳科学研究领域称得上是死水一潭。许多人认为这个领域过于复杂，也有人认为这个领域过于平庸……我的学生、同事和我都喜欢在不太引人关注的领域工作。在这样的领域做研究，研究者能细致地工作，花时间了解领域中的最新进展。

而她也正如自己所说那样，始终坚持潜心研究。米尔德里德在林肯实验室工作了 8 年，并于 1968 年成为麻省理工学院第一位女性正教授。此后，她将一部分时间用于授课，而且对这项工作格外重视。最终，米尔德里德彻底离开了林肯实验室，转而全身心地投入到在麻省理工学院的工作中。与此同时，她的丈夫则留在林肯实验室继续着卓有成效的工作。夫妻两人携手并肩，奋斗在碳元素研究领域的最前沿，在本章和全书的后续章节中，我们还将陆续介绍他们做出的种种贡献。

碳研究的爆炸式发展

在对碳进行化学研究的早期阶段，科学家的工作环境往往又黑又脏。从事这种工作的人每天工作结束时全身会满是炭黑和煤渣，连唾液和体液都会统统变色，任何没有被盖住的东西也都会变得一团黑。

你原本想抖掉头发上的煤灰，却发现额头上抹去的汗水都是灰色的，因为被空气中悬浮的粉尘染黑了。这些努力完全是徒劳的，反而会像在脸上涂抹了一层带渣滓的油脂。在这种环境下，实验室的水槽也因为长期暴露于炭黑之下变成了黑色。

对碳的早期化学研究主要集中于亚里士多德五元素说中最绚烂的元素——火，旨在探索其背后隐藏的种种未解之谜。燃烧和呼吸作用是实验的重点。在早期科学家的脑海中，这两个过程在化学层面是密不可分的，尽管他们并不清楚这种联系是如何产生的。

早期的研究者发现煤燃烧后会产生二氧化碳，而这种气体不支持动物的呼吸作用。在被放入充满这种气体的玻璃罩后，点燃的蜡烛会熄灭，而实验动物则会死亡。二氧化碳还是一种无色、无味、无嗅的气体，这使它显得更加神秘。将这种气体通入氢氧化钙（calcium hydroxide）溶液后，原本无色的溶液会转变为乳白色的悬浊液。二氧化碳遇水会产生碳酸根，而碳酸根会与钙离子结合，产生碳酸钙（calcium carbonate）沉淀。

由于当时尚未出现通用的化学命名法，所以新发现的化学物质的名称往往取决于研究者来自何处（由于缺乏标准化的命名规则，一种化学物质还有可能同时拥有多个名称）。此外，由于这是一种化学性质非常不活泼的气体，它的确切化学组成要直到几个世纪后才会被搞清楚。令人费解的是，并没有任何解剖学研究表明，我们体内拥有自己的"内燃机"，那么煤的燃烧和人的呼吸怎么会产生同一种气体呢？或者说，生命之火隐藏在何处呢？

在今天看来，这个问题可以说显而易见到了可笑的程度。我们现在知道，二氧化碳是细胞产生能量时生成的废物。然而我们的认知是基于6个世纪以来世界上最优秀的人对这个问题的思考。我们的

"内燃机"是被称为线粒体（mitochondria）的细胞器。在炼金术盛行和化学研究刚刚起步的时代，燃素理论①（phlogiston theory）主导了科学研究。直到化学家最终掌握了化学反应平衡（对反应物和反应产物进行量化），燃素理论才被现代的燃烧理论所取代。自此之后，煤便显得索然无味了，因为它已经被科学之鞭驯服了。

在使用的早期阶段，石墨主要有两种用途。一种是用于制造铅笔。正是因为这一原因，亚伯拉罕·G. 维尔纳②（Abraham G. Werner）在1789年创造了"石墨"一词，意思是"书写的石头"。石墨的润滑作用则使它被涂布在制造炮弹的浇铸模具的内壁上，以便模具易于脱卸。这一应用帮助英国大大提高了炮弹的生产效率。随着炮弹供给量的提升，英国人在15世纪后期发现石墨实际上在海战中发挥着巨大的作用。

最终，电路的发现和发展激发了物理学和化学领域一系列对石墨的研究。全球各地的实验留下了大量的信件和记录。随着研究人员争相申请自己的知识产权，以期从自己的科研发现中获得切实利益，涌入各大交易机构的专利的数量出现了激增。1800年，亚历山德罗·伏打③（Alessandro Volta）发明了电堆④（electric pile）。这是世界上第一款化学电池，可以产生并储存电能。这种早期的电池可以产生持续可控的能量供实验使用，这无疑是一个有用的发明。

接下来，很快便有人想到利用电能来照明。就在伏打的发明问世后不久，汉弗莱·戴维爵士的朋友约翰·G. 柴尔德伦⑤（John G.

---

① 这种理论认为易燃物中含有一种被称为燃素的元素。在燃烧时，燃素会被释放出来，许多燃素汇聚到一起就形成了火焰。
② 亚伯拉罕·G. 维尔纳（1749—1817），德国地质学家，被誉为"德国地质学之父"。
③ 亚历山德罗·伏打（1745—1827），意大利物理学家，电学研究先驱，因发明伏打电池知名。
④ 也就是由伏打电池组成的电池组。
⑤ 约翰·G. 柴尔德伦（1777—1852），英国化学家、矿物学家、动物学家。

Children）便展示了利用铂（Platinum）和木炭制作的白炽灯。1802 年，他用一根木炭将两根与电池相连的电线连接到了一起。这样便构成了一个完整的电路。

木炭的导电性并不好，所以其电阻会导致木炭升温，并最终开始发出不同颜色的光，先是发红，之后变为橙色、黄色和白色。这种白炽灯产生的热度很大，所以发出的光非常亮，但这种早期的白炽灯并不适合家庭使用，因为由于不具备真空环境，木炭随着时间的推移会逐渐被烧尽。柴尔德伦还利用铂丝做了另一种类似的演示：在电路被连通后，铂丝被加热到了白热化，这使两段铂丝熔合到了一起。

与电相关的科学发现以飞快的速度发展，并且这种热度贯穿了整个 19 世纪。1808 年，戴维在两根碳之间形成了电弧。之后，戴维又在英国皇家研究所（Royal Institution of Great Britain）进行了一项实验。他在两根碳棒之间的空气中成功产生了弧光。我们都知道，闪电光芒耀眼并且声音响亮，因此戴维使用碳产生的噼啪声一定会给在场的人留下深刻的印象，就像今天我们会惊叹于特斯拉线圈（Tesla coils）或者产生静电的范德格拉夫起电机（Van de Graaff generator）一样。

1892 年，英国皇家研究所的约翰·丁达尔[①]（John Tyndall）出版了一本名为《科学碎片》（*Fragments of Science*）的著作，该书收集了有关不同科学领域发展的历史文论。书中便写到了戴维的演示实验：

> 戴维利用两千对铜-锌片组成了一个电池。利用这个电池，能够产生出远远超过此前观察到的热能和光亮。两个碳棒之间产生的电弧长达 4 英寸[②]，产生的热能够像火焰熔化蜡烛一样熔化

[①] 约翰·丁达尔（1820—1893），爱尔兰物理学家，对红外线以及空气的物理性质等领域的研究有重要贡献。

[②] 1 英寸 = 2.54 厘米。

石英、蓝宝石、镁（Magnesium）和石灰，而金刚石碎片和粉状

石墨（plumbago）却像蒸汽一样迅速消失得无影无踪了。

需要特别说明的是，这里的"粉状石墨"是指石墨矿石，而不是铅。在观察元素周期表时，一些观察力敏锐的人可能已经注意到了这一点。①铅元素的化学符号是 Pb，源于拉丁文 plumbum。如今，每当提到铅笔中的"铅"时，依然容易令人产生误解。这种误解完全可以理解。事实上，这种误解主要是由那些在英国山区发现石墨的矿工们造成的。他们不懂炼金术，认为这种表面平滑且有光泽的灰色材料就是铅。而这说明他们肯定没有与铅有过什么实际的接触，因为仅从密度上看，两者就有很大的差别。

在戴维的实验中，石墨和金刚石最终会消失，这也完全讲得通：在空气中加热的条件下，两者被氧化成了二氧化碳。实际上，是电弧产生的等离子体流（plasma stream）引发了化学反应，从而使两者发生气化的。

其实早在 18 世纪晚期，安托万·拉瓦锡②（Antoine Lavoisier）就证明了金刚石和石墨具有相同的化学成分。拉瓦锡在氧气中燃烧了多种含碳材料，并证明燃烧这些材料会释放出相同的气体。虽然在戴维的时代还没有等离子体的概念，但我们现在知道，这条"火焰之弧"是一束离子化的超热流，也就是在实验室中制造出的闪电。

到了 19 世纪，弧光灯在复杂度和实用性上不断取得长足进步，并最终在工业照明和日常照明领域都实现了商业上的成功。由于弧光灯的碳棒并没有像爱迪生的白炽灯那样被置于具有保护性的真空中，因

① 英文版中这里是指 plumbago 和 plumbum 两个词容易被混淆。
② 安托万·拉瓦锡（1743—1794），法国化学家，被誉为"近代化学之父"。

此随着时间的推移，碳棒最终会被燃尽。正是由于这一原因，虽然碳弧光灯能够产生十分明亮的灯光，但其在家庭中的应用还是受到了很大的限制。虽然此后的一些发明进一步提升了碳弧光灯的效率，但经久耐用的白炽灯对消费者来说仍是更好的选择，碳弧光灯的应用也开始逐渐萎缩。最终，白炽灯取代碳弧光灯，成为20世纪初家庭电气革命的起点。

多位发明家后来都独立发现，在惰性气体或者真空条件下加热灯丝可以有效地改进电灯泡的性能。19世纪60年代，约瑟夫·斯旺[1]（Joseph Swan）成功地开发出了一种在商业市场上极具竞争力的电灯泡。他的灯泡采用涂有石墨的纸作为灯丝。这些外层被碳覆盖的灯丝具有白炽灯所必需的电学性能：一方面，这些灯丝有足够高的电阻，因此在承受得住高热的情况下能够发光；另一方面，这些灯丝的导电性能又不会过低，因此耗电量不会高到阻碍这种灯泡在商业上的应用的程度。

整个19世纪70年代，斯旺与托马斯·爱迪生（Thomas Edison）一直都在争夺电灯市场的主导地位，但他们后来成了商业伙伴。最终，爱迪生凭借媒体宣传其合伙制企业，以及获取后续商业利益的能力，被世人誉为现代灯泡的发明人，也成了两人中被载入史册的那一个。

在上一章中，我们曾简单介绍过英国数学家、物理学家赫莎·埃尔顿。她是第一位因研究弧光灯而当选英国电气工程师学会（Institution of Electrical Engineers，IEE）会士的女性。埃尔顿那时已经是她所在专业领域内的知名专家，并在1902年出版了一本名为《电弧》（The Electric Arc）的著作。这部著作收录了埃尔顿自己的实验以及一些对其他科学家实验的评议。但在1901年，发生了一件令人感到万分尴尬的事情：仅仅由于她的性别，埃尔顿未被获准在英国皇家学会上宣读

---

[1] 约瑟夫·斯旺（1828—1914），英国物理学家、化学家、发明家。

自己的一篇研究论文，而是改由她的一位男性同事约翰·佩里①（John Perry）代为宣读。

1904年，皇家学会改变了其决定，埃尔顿获准亲自宣读一篇后续的研究论文，论文研究的是"海浪在海滨沙滩上产生的涟漪"。1906年，她因为自己的研究成果被授予了休斯奖章。埃尔顿的丈夫在1908年去世，但她仍然继续从事物理和数学研究工作，直至1923年去世。埃尔顿的工作为石墨电弧真正的创新性应用铺平了道路，从而引发了冶金、碳纳米科学和工程学领域的巨大进步。

为什么碳纤维被商业化，碳纳米管却无法上位？

1958年，一位年轻而充满激情的化学家罗吉尔·培根②（Roger Bacon）加入了美国联合碳化物公司（Union Carbide）。他负责的工作是在高温和高压下熔化石墨，进而确定碳元素令人难以捕捉的三相点（triple point）。尽管在整个人类历史中，我们将碳运用到了许多重要的领域，但在当时，科学家对这种元素整体而言的一些特性仍然不是非常清楚。

三相点是指某种材料的固相、液相和气相三个相在平衡共存时（也就是这种材料固态、液态和气态同时存在时）的温度和压力。例如，当水处于三相点时，烧杯里的水在沸腾，但由于温度和压力独特的相互作用，水的表面上还漂浮着冰。碳的情况也是如此：在处于三相点时，固态石墨样本中的一部分石墨薄片会熔化，以液体的形式流动，同时又会蒸发为气体。没错，热力学就是这么奇怪！

---

① 约翰·佩里（1850—1920），爱尔兰数学家、工程师。
② 罗吉尔·培根（1926—2007），美国物理学家、化学家。这位科学家的姓名与前文中提到的方济各会修士罗杰尔·培根姓名的英文完全相同，为了便于区分，因此将这位科学家的名字译作罗吉尔·培根。

通过精细的操作，实验人员可以在一个很大的范围内设置实验仪器中的反应压力和反应温度。利用适当的工具，科学家可以观测到样本在特定温度和压力下所处的相（固相、液相、气相）。这样就可以为大多数材料绘制出一张图，描绘出在各个温度和压力的组合下，材料处于哪一种相的状态下。

这些数据点可以帮助科学家绘制出一幅材料的相变图。例如，当压力足够大（温度保持不变的情况下）或者温度足够低（压力保持不变的情况下）时，气体就会变成液体，甚至是固体。这一点不难理解：在温度恒定的情况下，随着压力逐渐增大，气体分子的间距会被压得越来越小，直到这些分子的移动空间变得极为有限，这时气体就相变为了液体；如果压力进一步升高，达到另一个更高的压强，分子就会几乎停止移动，这时液体就相变为了固体。

在另一种情况下，如果压力保持不变，不断降低温度，分子的动能（kinetic energy）就会减少。动能是物体由于运动而具有的能量，无论这种物体是分子、保龄球还是行星。动能减少会使物体运动变慢。随着温度不断降低，气体分子的运动最终将变得足够慢，以至于它们的动能无法克服分子间的作用力，从而积聚为液体。至于从液相变为固相的过程，我们熟知的水结冰的过程就是一个例子：随着水的温度降低，水分子会开始排列形成一种晶体结构，这就是冰的形成过程。

在竭力确定碳元素的三相点的过程中，培根获得了极大的创新自由，可以根据自己的想法展开实验。他使用的装置与本书前文中描述的碳弧电极非常相似，不过他的装置的工作压力比普通的弧光灯更高。培根很快就观测到一些极为有趣的现象。在实验中，他发现石墨可以直接升华为气体。

当培根开启仪器后，石墨薄片便会从石墨块的表面气化，也就是升华。仪器的反应室中充满了升华的气体,培根还观察到了一些此前从未有人记录过的现象。当反应室内的压力低于某个临界值时,气态的石墨就会凝结成一个个小小的固态碳棒。这个由气态直接转化为固态的过程被称为凝华(deposition),算不上有多奇特。真正奇特的地方在于在这种情况下,竟然会形成这些固态的石墨棒。打一个比方,这就好像从高压锅中释放出来的水蒸气不仅没有凝结到锅盖上,反而在抽油烟机上形成了一根根小冰针。此前从来没有人描述过这一奇怪的现象,幸运的是,当培根打开反应室时,这些碳棒都完好无损。

在接受美国化学学会(American Chemical Society)采访时,培根回忆道:"它们就像是砖块里包埋的稻草一样。这些碳棒最长可以达到1英寸,而且具有一些不可思议的特性。它们的直径虽然只有人头发的十分之一,但却耐弯折,即使把它们打结,它们也不会折断或碎裂。它们简直就是完美的石墨灯丝。"

经过认真分析,培根证实了自己的猜想——这些碳棒实际上是石墨薄片卷曲并彼此堆叠在一起,形成的一种带有高度晶体特征的细长结构。这也正是培根自信地称其为"完美石墨"的原因。X射线晶体衍射研究帮助他确定了这些结构的结晶度,而电子束更是帮助他进一步放大了这些结构[①],因而得以从全新的角度进行观测。

培根的第一篇论文发表在1960年的《应用物理学杂志》(*Journal of Applied Physics*)上,他在论文中写道:"根据观测到的结果,随着直径减小,晶须(whisker)周长也会发生相应变化,而其对电子束的通透度也会升高。"也就是说这些碳纤维是一层层包裹在一个核心内层上的,就像卷纸裹在中心的硬纸筒上一样。利用电子束,培根得以使一段段碳纤维气化,石墨片便会随之剥落,一层接一层地露出他正在

①从"放大了这些结构"来看,可能是指使用透射电子显微镜利用电子束进行的衍射实验。

剥离的这个管状"洋葱"。

培根取得的惊人发现还不止于此。在这篇论文后面的部分，他还描述了一项观测结果。培根在放大镜下对"一根外层被强大的电子束'炸'落的晶须"进行了观察。他观察到了一根非常细的中空管状物，四周则散落着一些外层的残留物。这看起来好像没什么大不了，但对于培根来说，他错失了这一组实验揭示出的另一项惊人发现。

培根观察到的这种结构后来被称为碳纳米管，但他没有意识到这是一项重要的发现。培根后来认识到了这一点，并以极度谦逊的态度来看待此事。事实上，真正发现碳纳米管特性的过程要复杂得多，我们很快就会讲到。

爱迪生曾为他早期的碳化灯泡灯丝申请过一项专利。在这项专利中，他提出了空心碳基管的概念。但当时的技术根本无法证实他的这种猜想。2006年，在《碳》杂志的一篇社论中，科学家马克·蒙提乌（Marc Monthioux）和弗拉基米尔·库兹涅佐夫（Valdimir Kuznetsov）提出爱迪生和斯旺可能在他们的研究中已经生成碳纳米管（尽管他们并未充分认识到这一点）。

科学家 H. P. 勃姆（H. P. Boehm）甚至提出证据,证明在爱德华·艾奇逊[1]（Edward Acheson）19世纪90年代合成碳化硅（silicon carbide）的实验中，反应器内的高温导致石墨和碳纳米管这两种副产物的产生。诚然，爱迪生、斯旺和艾奇逊都有可能制备出了碳纳米管，但碳纳米管的第一个有记录的图像证据却要等到透射电子显微镜（Transmission Electron Microscope，TEM）发明之后。

1952年，苏联科学家 L. V. 拉杜什科维奇（L. V. Radushkevich）和

---

① 爱德华·艾奇逊（1856—1931），美国化学家，合成碳化硅的艾奇逊法的发明人，这种方法至今仍用于碳化硅和石墨的制备。

V. M. 卢科亚诺维奇（V. M. Lukyanovich）发表了一些透射电子显微镜的照片，这些照片成了多壁碳纳米管（multiwalled nanotube）的早期证据。不幸的是，这是一篇俄语论文，当时又恰逢冷战高峰时期，因此在随后的几十年时间里，西方科学家一直未能注意和阅读到这篇论文。今天，尽管各国仍有以本国语言出版的科学期刊，但大多数科学论文都是以英语发表的。以非英语发表的论文的学术影响力通常都较弱，因为其他国家的研究者往往不会查阅到这些论文。

上文描述的碳纤维与碳纳米管之间的关系在于，碳纤维通常是围绕在一个空心的碳纳米管核心上形成的。碳纤维与多壁碳纳米管不同，多壁碳纳米管的结构是完整的，而碳纤维则可能是由杂乱的石墨烯薄片构成的。在随后的 20 年里，对细碳纤维生长的研究大大提速。

最终，远藤守信①（Morinobu Endo）在 1976 年发表了证据，证明这类碳纤维的内核是单壁碳纳米管（single-walled nanotube）。虽然这是一个极为了不起的发现，但这项发现却至今仍未被认定为是里程碑式的科学发现。这项发表在《晶体生长杂志》（*Journal of Crystal Growth*）上的研究由于受众太过狭窄，因而未能在更加广阔的学术领域引发关注。相关研究一直持续到 20 世纪 80 年代，但这些发现的重要意义却被随后富勒烯的发现掩盖了光芒。

富勒烯的发现还给碳纳米管研究带来了更意想不到的影响，使科学家们从此开始接受碳纳米结构可能是空心的观点。在人们通常的观念里，真正意义上的空心（指整个内部均为真空状态）通常被认为是随着时间的推移，处于一种不稳定的状态，就像亚里士多德的那句名言描述的那样："自然界厌恶真空。"在我们的日常经验中，水或空气几乎会渗透入任何我们能创造的东西里。

---

① 远藤守信（1946—　　），日本物理学家、化学家，碳纳米纤维和碳纳米管合成领域的先驱之一。

20 世纪 80 年代末期，针对是否存在空心碳结构，科学家们展开了激烈论战。最终，越来越多的证据证明这种特殊物质确实存在。存在空心分子的观点不易被人接受，但一旦被接受，科学家很快就得出了另一个结论：利用富勒烯分子作为端帽，通过将石墨烯围绕其自身缠裹，能够形成纤长、强韧的纤维状分子。

要形成这种纤长、强韧的纤维状分子，管状结构的两端不能有缺失端帽的管状结构末端的那种悬键（dangling bond）。在没有端帽包裹的管状结构两端，碳原子还有外层电子没有与其他原子的电子成键[1]，因此有极强的反应活性。富勒烯端帽的包裹确保了分子中所有原子的外层电子均已成键，从而成功地解决了这一难题。这些纤长的管状分子具备极强的导电性。一个为迎接创新而搭建的舞台似乎已经准备就绪。

做出这一发现的是饭岛澄男[2]（Sumio Iijima）教授，发现时间（外界认为[3]）是 1991 年，当时《自然》杂志（Nature）发表了他的论文《石墨碳形成的螺旋微管》（"Helical Microtubules of Graphitic Carbon"）。

我们前面提到过，此前已有两位苏联科学家发现了碳纳米管。虽然有历史学家秉承严谨的治学态度，致力于修正早期的各类报道中将碳纳米管的发明完全归功于饭岛教授的错误，但不可否认的是，碳纳米管确实是凭借饭岛教授 1991 年的论文才成为全球科研的焦点课题的。富勒烯的产量也是凭借这一发现才得以提升的。在这之前，制备富勒烯的方法是在真空室内用激光轰击石墨，一次只能产生几个分子。而在这之后，可以利用电弧大批量地生产富勒烯分子。曾经为我们带来聚光灯、电灯泡、碳纤维和富勒烯的奇妙装置，现在又为我们带来了一种新形式的碳——单壁碳纳米管。看来爱迪生和斯旺的猜想是正确的。

---

[1] 这些电子尚存的成键能力就称为悬键。
[2] 饭岛澄男（1939—   ），日本物理学家、化学家。
[3] 作者这里的意思是指论文的发表时间。

只不过这一次，碳纳米管不再"默默无闻"。它们也不再只是一种新奇有趣的科学发现，隐匿于晦涩难懂的学术角落。这一次，碳纳米管不仅受到了科学界的广泛关注，而且巴克敏斯特富勒烯激发起的热潮也对其研发起到了推动作用（我们将在本章后续内容中进行介绍）。

你可能会注意到一些高端消费品（如高端的自行车和野营装备）中就使用了碳纤维材料，从而达到了轻便与耐用兼备的效果，这是其他材料难以实现的。碳纤维的工业生产始于 20 世纪 60 年代，对这类材料的应用的研究则与对石墨和碳纳米管（在被发现之后）的研究在同步进行。

到目前为止，碳纤维的商业化比碳纳米管更成功，因为它们的生产成本更低。在刚开始的时候，碳纤维是人造丝（rayon）或者其他人工合成的塑料纤维经碳化制成的，但现在的生产已经改用聚丙烯腈（polyacrylonitrile，PAN）。

如果有一天，将碳纳米管用于终端产品的收益值得上成本的提升，那么我们将会看到越来越多由碳纳米管衍生的复合材料。但在这之前，碳纤维仍将保有其市场。碳纤维的电子学特性仍然对工程师们极具吸引力，而且随着 3D 打印技术（也被称为增材制造技术）得到越来越广泛的应用，我们还将能打印出包埋有碳纤维电路的物体。如果 3D 打印能够使用可回收材料，那么 3D 打印出的碳纤维电路未来很可能会在一次性电子产品中发挥重要作用。

石墨与更小、更高效的电路：纳米晶体管技术小史

第二次世界大战结束后，人们对电子电路的研究出现了巨大的转变。1956 年，诺贝尔物理学奖被授予了威廉·B. 肖克利[①]（William B. Shockley）、

———————
① 威廉·B. 肖克利（1901—1989），美国物理学家、发明家。

约翰·巴丁[①]（John Bardeen）和沃尔特·H. 布拉顿[②]（Walter H. Brattain），以表彰他们"在半导体领域的研究以及发现晶体管效应"。

晶体管在 20 世纪 50 年代的发展引发了全球的广泛关注。随着半导体技术的飞速发展，井口洋夫[③]（Hiroo Inokuchi）教授曾预测，那些 p 轨道电子云被分散的碳基分子，如苯、萘（naphthalene）、蒽（anthracene）、（还可以算上）石墨烯，有一天可能会取代硅，被用作电子电路的元件。这个想法虽然没有立刻获得广泛接受，但最近几十年的研究表明分子电子学这一概念前景广大，在寻找硅器件的补充材料方面尤其如此。

2007 年，由于他在共轭有机电子学（conjugated organic electronics）领域的开创性工作，井口洋夫被授予了京都奖[④]（Kyoto Prize）。传统的无机半导体在未来可能不会彻底消失，但随着石墨烯和其他碳的同素异形体获得商业研发上的支持，我们很可能会看到越来越多有趣的混合器件出现。在第 11 章，我们将再次简要探讨无极半导体的近期发展前景。

然而，把分子电子学定义为一个单纯研究碳基器件的科研领域是不合适的。尽管碳确实是一个令人兴奋的热点课题，但硫、硒（Selenium）、金、碘等元素也有独特的性质值得研究。在合成有机化学（synthetic organic chemistry）中存在着大量的探索机会，这使化学家们可以根据自己独特的创新需求，去创造和改造分子。而分子电子学研究的是根据我们期望以及预测的特性，如何创造功能器件。以此

[①] 约翰·巴丁（1908—1991），美国物理学家、电子工程师。
[②] 沃尔特·H. 布拉顿（1902—1987），美国物理学家。
[③] 井口洋夫（1927—2014），日本化学家。
[④] 京都奖是创立于 1984 年的国际奖项，每年颁发一次，表彰在科学、技术、文化等领域有重大贡献的人士，分基础科学、尖端科技和思想·艺术三个授奖领域。有多名获奖者后来获得了诺贝尔奖。

为基础，我们就能设计制造各种元件，并最终组装出相应的电子设备。我们可以用建造一座摩天大楼，或者制作一件衣服为例做个类比。

一名商人如果要建一座摩天大楼，首先需要找到一位建筑设计师，设计出能够满足他（她）需求的建筑。建筑设计师随后把设计方案提交给工程公司，对设计做进一步的完善，并拟定出在现有的技术条件下的建筑方案。在这之后，工程公司会与多家承包商联系，定制各种组件和材料，并雇用一家建筑公司将各种组件与材料进行搭建和拼装。通过明晰的步骤，这栋建筑就从概念转化为现实。

同样，时装设计师在设计服装前也需要了解服装将会用于什么场合，然后再挑选适合的面料来突出穿着者的体型。服装上的装饰性褶皱都需要遵循相关的设计规则，只有严格执行这些规则，才能将一个灵感或一幅设计草图转化为极佳的成品。

在 20 世纪 50 年代举行的一次会议上，美国空军上校 C. H. 刘易斯（C. H. Lewis）指出：

> 我们应当合成，或者说定制出特别的材料，这些材料具有我们希望具有的电子学特性……我们有能力设计并创造出能够执行特定功能的材料……我们将这种预先决定电子学特性，再据此构建材料的过程称为分子电子学。

善于邦戈鼓演奏的加州理工学院（California Institute of Technology）物理学家理查德·费曼[1]（Richard Feynman）曾做过一场有关纳米技术基础理论的著名演讲，演讲的题目是《微观世界有无垠的空间》（*There's Plenty of Room at the Bottom*）。这是一场十分深入浅

---

[1] 理查德·费曼（1918—1988），美国理论物理学家，量子电动力学的奠基人之一。

出的入门讲座，告诉我们应当如何看待材料，是否有可能开展自下而上的材料工程（想象一下原子尺度的 3D 打印），而不是像用锯和凿子移除材料那样的自上而下的方法。

费曼和刘易斯上校的想法不谋而合，他认为先要确定你需要一种什么样的材料，然后再寻找创造这种材料的方法。费曼呼吁利用能够操纵原子的仪器来模仿甚至超越大型物料的功能，这样就有望制造出更快、更小、更高效的电路。费曼主要从事的是量子物理学领域的研究，他与朝永振一郎[1]（Sin-Itiro Tomonaga）和朱利安·施温格[2]（Julian Schwinger）因"在量子电动力学领域的基础性研究及其对基础粒子物理学的深远影响"分享了 1965 年的诺贝尔物理学奖。

他们在量子电动力学（简单地说，量子电动力学研究的是在原子和亚原子尺度，光和物质是如何影响彼此的）领域取得的部分研究成果自此便开始被应用于对石墨烯的研究，以寻找其有趣的物理性质，而在此之前，这可是想都不敢想的事情。

1982 年，格尔德·宾宁[3]（Gerd Binnig）和海因里希·罗雷尔[4]（Heinrich Rohrer）在 IBM 的苏黎世研究实验室共同发明了扫描隧道显微镜。而在此之前，在纳米尺度上控制材料表面形貌的大小一直是难以企及的目标。人类观察材料"内部"的能力几乎完全依托于 X 射线晶体衍射。然而，这项技术只能测定高结晶度的材料的衍射图谱，无法对非晶态的或者几乎不结晶的样本进行检测。

中子衍射（neutron diffraction）分析是另一种分析方法。这种技术是田纳西州橡树岭市的橡树岭国家实验室（Oak Ridge National

---

① 朝永振一郎（1906—1979），日本理论物理学家，量子电动力学的奠基人之一。
② 朱利安·施温格（1918—1994），美国理论物理学家，量子电动力学的奠基人之一。
③ 格尔德·宾宁（1947—　　），德国物理学家，与海因里希·罗雷尔一起因"发明扫描隧道显微镜"获 1986 年的诺贝尔物理学奖。
④ 海因里希·罗雷尔（1933—2013），瑞士物理学家。

Laboratory in Oak Ridge，Tennessee）在 1945 年发明的，也能用于观察材料的"内部"。然而，这种方法成本极高，并不适合用于日常的分析。除了成本外，另一个问题在于，这两种衍射技术都更适合于分析样本的大体架构，而非确定其表面的形貌。

另一种被称为 X 射线光电子能谱（X-ray photoelectron spectroscopy，XPS）的技术能够确定材料表面形貌的原子组成。然而，虽然这种技术善于分析样本表面是由何种元素构成的，却同样不善于展现样本表面的形貌。这就像你能够闻到烤面包上有黄油的味道，但却无法观测到烤面包上指定位置究竟有多少黄油一样。通过某种信号确定样本表面上有何种元素，同时又确定这种信号来自样本的什么位置，这可不是一件简单的事情。

有了扫描隧道显微镜，科学家们终于可以使用原子尺度的探针来探测材料的表面，并通过解读探针探测到的电信号来获取材料表面的形貌信息。在进行扫描隧道显微镜分析时，样本会被放置在一个高真空室内（内部的气压只有大约一百万分之一个标准大气压），而探针则会在样品表面移动，探测样品表面的"沟壑"，就像留声机针头扫过唱片表面的凹槽一样。

扫描隧道显微镜的特别之处在于，它能够在原子尺度上对材料的表面进行探测，而且还能同时呈现样品的结构和形貌。事实上，现代仪器的敏感度极高，因此金属表面的分子几乎能够被实时地成像记录下来，从而呈现出正在经历化学反应的分子中的化学键是如何形成的。虽然今天的仪器还无法用作原子 3D 打印机，但终有一天，我们将有能力同时移动多根探针，将原子从一处移动到另一处，彻底实现费曼关于终极原子机器的设想。

计算机模型自 20 世纪 60 年代起开始发展，被用于计算分子的电子结构和形状。在研究的过程中,科学家会不断对模型进行调整和完善,以期能更好地预测电路中分子的行为。理论科学家的预测和实验科学家获得的实验结果间的一致性正在变得越来越高,而这又推动了相关领域的飞速发展。

都柏林三一学院(Trinity College,Dublin)的先进材料与生物工程研究中心(Advanced Materials and BioEngineering Research Center,AMBER Center)、新加坡国立大学(National University of Singapore)的先进二维材料研究中心(Center for Advanced 2D Materials)等世界各地从事材料科学研究的跨学科研究中心均在新材料的创造和测试方面取得了重大的进展。这些研究中心的创新速度已经到了令人应接不暇的程度。

1965 年,戈登·摩尔[①](Gordon Moore)注意到电子行业的一种新趋势,这种趋势恰好也适用于他刚刚起步的计算机公司。这一趋势表明,芯片上的晶体管的密度可能每年都会增加一倍。计算机从造价昂贵、体积巨大的装置转变为家用电脑,正是这一趋势引发的结果。摩尔的这家公司也随着这一趋势成长为了全球科技巨头英特尔公司(Intel)。10 年之后,摩尔对他的第一个预言进行了修正,指出计算机芯片上的晶体管数量大约每两年才会增加一倍。这一规律现在被称为摩尔定律(Moore's Law)。

由于各大龙头公司的不断创新,摩尔定律直到今天仍然适用。然而在这期间,对一个重要问题的讨论一直持续不断:硅设备的尺寸会不会不断缩小,直至小到无法使用的程度。在纳米级的设备上,电的经典传导模型逐渐不再适用,取而代之的是量子物理学的规律。人们发现噪声会导致电信号过载,而热量的积聚则会缩短设备的寿命。这

---

① 戈登·摩尔(1929—   ),美国工程师,英特尔公司的联合创立人。

就产生了一系列必须要解决的重大问题，而要想解决这些问题，可能需要开辟化学和材料科学研究的新方法。

与此同时，英特尔与其他一些科技公司在 2017 年纷纷宣布，他们将致力把 7 纳米[①]的晶体管技术（7nm transistor technology）运用于自己生产的设备中，这些晶体管的体积还能够小到何种程度便成为这些公司研发部门的研究人员集中探索的焦点。无论是硅电路还是碳电路都会受制于这个问题。毕竟，原子的尺度已经非常小了，小到干扰或者随机噪声能够严重影响通过电路的信号的程度。

目前，典型的自上而下的生产技术是光刻（photolithography）和蚀刻（etching）。在这两种生产过程中，必须要将大量的原材料移除掉才能制造出精细的部件，而这会导致产生大量的废料。把石头凿成雕像或用金属板子做工具似乎没什么大不了的，但想想木工店里制作椅子或橱柜时产生的漫天锯屑吧。金属店里同样布满了细小的金属碎，连尘土也是锈色的。

最重要的是，通过从大块的材料中移除掉多余的材料制造出的部件的形状存在局限，在精准度上不如利用粉末状材料制造出的部件。也就是说，如果使用光刻或者蚀刻，你需要选用完美的纯材料，而这自然会使成本增加非常多。不仅如此，在制造过程中，你还会移除掉制造材料中的一大部分，而仅仅保留下一小部分，这也就意味着很大一部分资金被浪费掉了。在这之后的精细加工过程中，你需要特别小心，因为一旦你出了哪怕一个错误，这个部件就只能扔掉了，你必须从头再来。

3D 打印则可以有效避免传统机械加工中产生的诸多浪费。未来某一天，产品的打印也许将会达到原子级的分辨率，而这将使打印出的产品的热力学、电子学和光学性质百分之百符合产品的设计方案。

---

① 1 纳米 $=10^{-9}$ 米。

摩尔定律在指引微处理芯片的技术发展方面发挥了启发性作用，与此同时，现代电子电路的其他组件也在微型化方面实现了成功跟进。电线、二极管（diode）、电容器（capacitor）以及其他组件也已经找到了实现微型化的方法。

这种微型化使体积巨大的计算设备让位给了个人电脑，电影《隐藏人物》①（Hidden Figures）中便呈现了这一变化。在这之后，个人电脑又被笔记本电脑取代了。同样的，笔记本电脑也很快让位给了智能手机和平板电脑。为创造更加小巧的新型设备铺平道路，这是材料科学家、化学家和物理学家共同的心愿。他们希望能够超越摩尔定律模型的物理局限，哪怕是超越一点点。

碳基设备起步时面临的难度可能完全超越了井口洋夫教授的预期，但事实证明，自 1974 年以来，该领域的研究成果十分丰硕。美国空军最初对分子电子学感兴趣主要是因为西屋电气公司（Westinghouse Electric Corporation）的推动，可惜这家公司始终未能实现推出分子尺度的器件的梦想。西屋电气的目标是为航空应用提供分子尺度的电路和器件，以减少飞机的重量，同时增加机载计算能力。

一开始，西屋电气便在 1957 年夸下海口，随后又在 1958 年做出郑重承诺，这些豪言壮语为该公司在 1959 年赢得了不少大合同。但在兑现承诺时，西屋电气却显得力不从心。随着西屋电气与美国空军的合作关系在 1963 年破裂，分子电子学迎来了为期十年的沉寂。

1974 年，一位名叫阿里耶·艾维拉姆（Arieh Aviram）的以色列研究生从 IBM 的托马斯·J. 沃森研究中心（Thomas J. Watson Research Center）来到纽约大学（New York University），开始继续西屋电气未获成功的研究。

---

① 2016 年上映的一部美国电影，讲述的是三位非裔女性科学家对美国航空航天计划的贡献。

阿里耶与自己的导师马克·拉特纳（Mark Ratner）合作，设计出了历史上第一个碳单分子二极管（二极管的主要作用在于控制电路中电流的方向）。他们的策略主要是基于传统半导体设计的灵感，将其应用于化学原理中，以计算分子二极管的效能。

然而，两人取得的计算成果在随后的 15 年里几乎没有引起任何重视。直到相关仪器被发明，两人的工作得到实验验证之后，单分子器件距离现实才又迈进了一步。在此期间，物理化学家和物理学家对电荷输运方程（charge transport equations）进行了拓展，将其用于分析和预测纳米电路的特性。基于石墨的化合物、富勒烯和纳米管都在分子电子器件中得到了应用。突然间，研究文献中开始涌现出对分子电路的定量预测，分子电子学作为纳米技术的一个分支迎来了蓬勃发展。

第一个富勒烯模型——成功冲击诺贝尔奖

在 20 世纪七八十年代，碳科学开始激起更多研究者的兴趣。大量的研究团队加入到了对碳的研究中来，致力于填补人类对这种元素的认知空白。这也导致研究资金申请的竞争变得异常激烈，各个团队都将自己的研究打上了"首次"的标签。相关的研究投入了大量的精力和资金，因此发现了越来越多的以碳为骨架的分子，并对这些分子的特性进行了检测。

20 世纪 70 年代，天体化学家（astrochemist，没错，就是研究太空中的分子的化学家）在太空中发现了大量的含碳分子。这种发现在红巨星[①]（red giant star）的研究领域尤其多，在其温度较低且弥散的大气中有大量这类复杂的含碳分子。通过研究红巨星的红外辐射信号，

---

① 红巨星是恒星的一种演化阶段，恒星在这个阶段的颜色偏红。

科学家们在红巨星的气体云中发现了碳簇。通过在地球上重新生成气态形式的此类分子，科学家们就可以研究出太空中形成的含碳分子究竟有多复杂。

生物学家对这些复杂的碳基分子非常感兴趣，因为它们当中可能包含着关于地球生命起源的线索。不仅如此，这些分子还可能提供有关外星生命的线索。关于外星生命，有一个令人兴奋的观点。这种观点认为，其他行星上可能也存在生命，这些生命可能也是用 DNA 作为遗传物质并用蛋白质作为构建材料的。尽管目前还没有证据表明这样的生物体确实存在，但宇宙中存在生物这一猜想不断激发着人类对该领域进行探索。

在红巨星周围发现的一些碳簇最终被确定是苯环"拼"出的产物。苯是一种六边形的含碳分子，当你把两个六边形的苯分子连接到一起，使其共享一个边时，便形成了萘分子。如果你在萘的结构上再增加一个六边形，也就是令三个六边形沿直线排列，共享两条内侧的边时，便形成了蒽。

我们还可以继续沿这条直线增加六边形的数量，只要沿同一个方向共享内侧的边，就会不断产生不同的分子。我们也可以另起第二行：在萘的两个环上，可以严丝合缝地"拼"入另一个萘，这种分子被称为芘（pyrene）。

科学家发现，外太空的气体云中含有这些分子以及许多类似分子，不过它们也存在于地球附近的空间中。事实上，这些分子在地球上的含量同样相当丰富。由于这类分子是由许多环环相扣的芳香族的苯环构成的，所以被称为多环芳烃。从事石油工业的化学家们非常了解多环芳烃，因为它们是煤焦油（coal tar）的主要成分。

星际空间中的另一类分子则含有长长的碳链，并且碳链间彼此相连。乙炔（acetylene，H–C ≡ C–H）是这类分子中最小的一员。在乙炔中,两个碳原子彼此结合,而每个碳原子又各自结合了一个氢原子。碳－氢键与碳－碳三键的夹角为 180°。如果你将乙炔中的氢原子移除掉,以另一个 –C ≡ C– 单元取而代之,最终便会得到 H–C ≡ C–C ≡ C–C ≡ C–H。这种分子的直链结构中含有许多类似乙炔的单元,因此被称为聚乙炔（polyacetylene）。

英国萨塞克斯大学（University of Sussex）的哈罗德·克罗托[1]（Harold Kroto）教授对研究含有 –C ≡ C–C ≡ N 结构的星际分子链非常感兴趣,因为这类分子有十分有趣的红外辐射特征。

克罗托于 1985 年前往莱斯大学（Rice University）,开始与罗伯特·柯尔[2]（Robert Curl）和理查德·斯莫利[3]（Richard Smalley）进行合作。在一百万分之一个标准大气压下,这三位科学家及其研究生团队进行了用高能激光轰击石墨表面的实验。

轰击产生的含碳分子在真空中冷却后被高压电离,科学家随后对这些分子的量进行了分析。克罗托等人都预计他们会发现几组碳簇,但谁知道最终的结果远比预期有趣。克罗托的分析结果以图表的形式呈现,使研究人员能够一目了然地看出每次用激光轰击石墨所产生的各种碳簇的量。

通过一系列这样的实验,他们发现了一种从未预料到的碳簇模式。在图表中,含有 60 个碳原子的分子的丰度非常高,这令研究团队大感不解。如果我们将这幅图看作一只手,那么这只手从基线上长出了许多根手指,但 C_{60} 这根手指比其他手指大出很多。

---

[1] 哈罗德·克罗托（1939—2016）,英国化学家,因"发现富勒烯"与罗伯特·柯尔和理查德·斯莫利分享了 1996 年的诺贝尔化学奖。
[2] 罗伯特·柯尔（1933—　　）,美国化学家。
[3] 理查德·斯莫利（1943—2005）,美国化学家、物理学家、天文学家。

当然，图中还有许多其他疑问有待解答。克罗托的研究发现，低质量的分子（含有不超过 35 个碳原子）都是由奇数个碳原子组成的，而且正如克罗托最初预测的那样，其中还含有氢元素和氮元素。但高质量的分子（在这个实验中指含有超过 40 个碳原子的分子）则是由偶数个碳原子组成的，而且不含其他元素。这些奇怪的分子的形状是什么样的？这些结构能始终保持稳定吗？从事这些实验的科学家意识到，在他们精心选定参数制备出他们希望制备的分子的同时，他们无意间还制备出了一些奇怪的分子。

那个含有 60 个碳原子的峰对应的究竟是什么分子呢？没有人能够通过质量－数量图[①]上的一个峰做出太多有价值的预测。但由于这个碳簇在各种条件下都有很高的丰度，因此这种碳簇很稳定。它也不与实验提供的其他元素发生反应，这自然令人猜想这种碳簇没有任何有活性的外层电子。

科学家们继续努力研究，不断调整仪器的参数，以选择性地生成 C_{60} 分子，并开始尝试推断其结构。至少在 20 世纪 60 年代，科学家们就已经确定了硼氢化物[②]（boron hydride）的笼型分子结构。由于硼氢化物中含有氢原子（这些氢原子位于笼型结构的外侧），而这种 C_{60} 分子则不含，因此两者的结构不属于同一类。

20 世纪 60 年代，出现了一名化学家兼发明家，他热衷于为《新科学家》（New Scientist）杂志撰写幽默风格的技术类文章。这名笔名为代达罗斯[③]（Daedalus）的化学家的真名是大卫·琼斯（David Jones）。

---

① 这里的质量对应的是含不同碳原子数的分子，而数量是指在实验中检测到的含特定碳原子数的分子的量。
② 硼氢化物又称为硼烷。
③ 代达罗斯是希腊神话中的著名工匠。

在 1966 年发表的一篇文章中，琼斯描述了一些当时还属于猜想的碳笼型结构所具备的性质，作为这篇技术文章中的笑点。据琼斯预测，富勒烯分子不仅碳原子之间存在空穴，而且其碳笼型结构还是空心的。这也就意味着，最终形成的富勒烯球的质量会非常轻。

琼斯的许多预测都是完全错误的，但预测准确与否并不是这篇文章的意义所在。这篇文章中真正的神预测在于，琼斯猜想最大的空心碳球的分子式应当为 $C_{200\ 000}$。在这篇文章中，琼斯使用了一个数学概念。这个概念并不是琼斯发明的，但却对莱斯大学的研究团队产生了至关重要的影响。18 世纪的瑞士数学家莱昂哈德·欧拉[①]（Leonhard Euler）曾提出过一个定理，根据这个定理，通过组合拼接正五边形和正六边形，可以产生一个封闭的多面体—— 一个球。

斯莫利一开始并没有想到可以将五边形纳入结构当中，在他最初设计的 C_{60} 结构中只包含六边形。然而，他无法在电脑上成功构建出所设想的结构，于是他转而使用了最原始的方法：直接用纸板剪出六边形。在尝试将这些纸片拼接到一起的过程中，斯莫利试图采用一种合理的方式将纸片表面进行弯曲，但这种方法最终还是失败了。

为什么像石墨烯这样的材料能够以规则的六边形晶格形成二维平面结构，而其他一些材料中的原子的排列则会发生卷曲进而形成三维的结构？要理解这一点，我们必须先思考一下二维图形间相互结合的方式。

正六边形（如苯和石墨烯中的结构）在形状上呈现出高度的对称性：各边的长度相等，各个内角的角度也相等。在整个结构中，所有碳原子完全相同。正六边形每个内角的度数都是 120°，内角和为 720°。

[①] 莱昂哈德·欧拉（1707—1783），瑞士数学家，近代数学先驱之一，被认为是历史上最伟大的数学家之一。

正六边形的这一性质对材料的结构异常重要。共享同一个顶点（原子）的 3 个正六边形是处于同一个平面上的，因为围绕该顶点的 3 个内角的和恰好是 360°。另外两种形状——等边三角形和正方形，围绕同一个顶点的内角的和也是 360°，因此 6 个等边三角形（每个角为 60°）拼在一起后位于一个平面上，4 个正方形（每个角为 90°）同样如此。

如果你曾经拼装过瓷砖地板，或者看别人拼装过，那么你就会理解，只有当你组合的图形的内角可以相加得到 360° 时，才有可能形成一个平面。如果内角和超过 360°，地面上便会出现一个奇怪的凸起，踩起来很不舒服；如果内角和小于 360°，那么你不得不盖块草皮或者用水泥填补瓷砖之间的间隙。

一个名叫数字狂（Numberphile）的团体曾在 Youtube 上发布过一段视频，叫《高维完美形状》（*Perfect Shapes in Higher Dimensions*）。它极好地诠释了这一点。通过动画，这段视频呈现了各种不同的正多边形（等边三角形、正方形、正六边形）如何围绕同一顶点，与另外三个同类正多边形进行对接。

从本质上说，在这种情况下，一个正多边形要与另外两个正多边形共享一条边，并且三者同时要共享至少一个顶点。当 3 个等边三角形围绕一个顶点进行拼接时，彼此间会出现缺口，因为 3 个角的内角和是 180°，而不是 360°。此时，这些三角形可以相互折叠，恰好形成一个四面体。当 3 个正方形围绕一个顶点拼接时，它们相互折叠后会形成立方体的一半。正五边形的内角度数是 108°，因此围绕一个顶点拼接的 3 个正五边形内角和为 324°。这就使它们在折叠后会形成一个碗状的结构，恰好是正十二面体的四分之一。

然而，3 个正六边形拼接后内角和刚好是 360°，所以不会出现任何扭曲，因此这些正六边形位于一个平面上。3 个六边以上的多边形则无法共享同一个顶点，因为它们的 3 个内角相加大于 360°。

当 1 个五边形与 2 个六边形共享同一个顶点和两条边时，可以有两种拼接方式。一种方式是将五边形的其中一个角拉伸变形到 120°。这会使其他各个角的角度也随之发生改变，从而导致这个五边形失去对称性，各个碳原子也将会因为这种变化变得各不相同[1]。另一种方法则是仍然保持五边形的正多边形的形状。在这种情况下，这个正五边形和其中一个正六边形之间就会出现缺口。同样的，这并不是我们想要的，因为结构会因此失去对称性。

幸运的是，我们生活在一个三维的宇宙中，这使我们可以把三者拼出的形状卷起来，进而形成更复杂的结构。在卷起来之后就不再局限于二维的世界了！把三者拼出的形状卷起来之后，会得到一个碗状的结构，而这个结构便是球状的富勒烯得以形成的基础。最终，5 个正六边形会与 1 个正五边形各共享 1 条边，每一对彼此共享 1 条边的正六边形同时也会共享同一对正五边形。正五边形之间完全没有联系，它们既不共享同一条边，也不共享同一个顶点。

当斯莫利发现只有在笼型结构中加入正五边形才能实现自己所设想的结构时，问题变得好办多了。这个结构本身就能实现自我闭合，60 个原子构成了 60 个顶点，没有悬键产生，每个碳原子之间毫无差别。这是斯莫利、克罗托和柯尔发现了一种新物质的第一个证据，但这距离这种物质被广为接受才只是迈出了第一步。

一天晚上，整个科研团队工作到了深夜，终于利用小熊软糖和牙签制备出了第一个富勒烯模型。在科研过程中，你也许拥有世界上最先进的工具，但如果这些工具仍然无法满足需要时，那么你可能就需要回过头去求助于小熊软糖和牙签这样简单的工具了。1996 年, 柯尔、

---

[1] 指每个碳原子与其他碳原子间在空间关系上会有所不同。

克罗托和斯莫利被授予了诺贝尔化学奖，此时距离饭岛澄男教授的论文发表仅仅 5 年时间，与巴克敏斯特富勒烯被发现相隔 10 年时间。

虽然一些石墨研究者认为，通过卷裹或者折叠单层石墨可以形成各种不同形状的石墨片材，但在当时，单层石墨本身是否存在尚未获得实验证明。事实上，科学界普遍认为，单层石墨不可能单独存在。一些科学家曾进行过计算，计算结果表明，如果有人想要制备石墨烯(或者其他任何类似的单片材料)，二维薄片内的原子的振动就会把薄片震碎。直至 20 世纪 90 年代，这些计算结果足以令一部分人相信单层石墨是无法被制备出来的。

尽管我们（自 1960 年以来）已经对碳的各个相有了更多的了解，但对于碳相的研究仍未引起足够的重视，这种广泛存在的基础元素仍有许多新的方向等待我们去探索。

——米尔德里德·德雷斯尔豪斯
《碳科学未来的方向》("Future Directions in Carbon Science")
1997 年刊于《材料科学年度评论》

第 3 章
"玩乐时间"里的意外产物

石墨烯的发现之所以令人如此兴奋，不仅在于它具备独特的性质或结构，更在于它的导电性能。早在 1939 年，科学家就已经测量过石墨的导电性能，因此科学家们早就已经知道石墨烯能够导电。石墨烯最初真正让人振奋的原因在于，它的导电性能大大超出了所有人的意料，大约是纯铁的 10 倍，是银的 1.5 倍，而在最佳导电金属的排行榜上，银位居第二。

早在 20 世纪 20 年代，科学家就已经掌握了石墨烯的结构（详见第 1 章）。但在很长的一段时间里，对它的兴趣却主要是出于富勒烯和碳纳米管等与其相关的碳的衍生物和同素异形体。这些相关材料在 20 世纪 80 年代和 90 年代先后被发现，同时也证实了此前的一个猜想——石墨各边不够稳定，极易发生反应。有些批评者甚至认为富勒烯和碳纳米管的发现预示着石墨烯不可能存在。一种自然会产生的想法是"要是这东西有可能存在，我们早就该发现了"。

然而，石墨烯带给我们的惊喜恰恰在于，从石墨上剥离石墨烯的方法竟然如此简单，甚至到了令人难以置信的地步。科学界不禁集体惊呼"哇"。随之而来的便是一场真正的竞赛，各方都开始争分夺秒地探寻这种新材料的特性和应用潜力。突然间，石墨烯便成为材料科学领域最热门的研究课题。这种变化几乎发生在一夜之间，至少从学术研究的时间尺度来衡量是这样的。

虽然安德烈·海姆和康斯坦丁·诺沃肖洛夫因为发现了石墨烯的一些有趣的电子学特性，成为该领域最早获得学界广泛赞誉的科学家，但其实其他的科研团队也早已经开始针对"单层石墨"（近期才被称为石墨烯，本章稍后将做进一步论述）的剥离与测试展开了研究。接着，资本便开始涌入这一领域，全球每年投入相关项目的科研赞助高达数十亿美元。然而，尽管各国政府、企业和大学持续投入大量的人力和物力，致力于将这种神奇的新材料尽快转化为产品推向市场，但仍然没有人能够保证石墨烯一定会取得成功。

不过，从石墨上剥离石墨烯的过程实在是轻而易举，而由此点燃的无限激情也许可以追溯到米尔德里德·德雷斯尔豪斯在 20 世纪 70 年代制备的插层化合物。现在，使用一些胶带和合适的显微镜，任何人都可以发现这个让人捉摸不定的材料并对其进行观测。

科研界对于"容易"有着不同的评判标准。在化学领域中，合成一种你曾经合成过上百次（或者上千次）的化学物质，通常被认为是容易的事情。即使完成这项任务需要你费尽精力工作一周或者更长的时间，同样会被认为是"容易"的，因为如果你已经掌握了工作的所有步骤，那么这事实上只是一项机械的体力劳动而已。

另一方面，如果需要投入一两天的时间，集中精力制备一种新的化学物质，而你对反应条件已经有了充分了解，那么这也可以被视为容易的工作。有些反应类型的知名度很高，并且以其发现者的名字命名，这是因为这些反应的应用非常广泛或者效率非常高。哈伯－博施法（又称哈伯法）（Haber-Bosch process）、迪尔斯－阿尔德环化反应（Diels-Alder

Cyclization）、铃木偶联反应（Suzuki Coupling）都是有机合成化学领域中以发现者名字命名的重要反应。如果你对自己所要进行的反应早已心中有数，那么从大概率来讲，即使此前你从未进行过某个特定的反应，反应成功对你而言也并非难事。

这种考量标准并不只是适用于化学领域。例如，医生都知道伤口周围的皮肤需要保持干燥，以防止伤口进一步恶化。当然，一个完全没有接受过专业培训的人要做到这一点可能会很难，但医学专业人士是接受过相关的专业教育和实际操作的，因此他们在应对此类状况时会毫无压力。对于其他专业领域和技术工种（如电工或水管工）而言，同样可以举出许多业务流程上的例子，证明对业内老手而言轻而易举的事情，对外行来说可能会是不可完成的任务。

"透明胶带万岁！"

石墨烯的剥离制备法非常简单，可以说简单到了近乎荒谬的地步。自从首次利用普通品牌的透明胶带成功剥离石墨烯后，这种方法便以"透明胶带法"（Scotch-taped method）[1]而闻名于世。虽然确实有一小组专家团队始终在倾注全力寻求制备石墨烯的方法，而且这一挑战已经困扰了碳基电子学领域的其他研究人员数十年之久，但石墨烯的剥离制备法的发现却纯属偶然。事实上，研究人员是在海姆实验室"干正事"之外的"玩乐时间"发现石墨烯的。

每个人都有自己的娱乐方式。有些人喜欢窝在沙发里阅读一本好书，尤其是在寒冷的冬日里，蜷缩在熊熊燃烧的炉火旁，享受那份安宁与静谧；另一些人则喜欢在悬崖峭壁间攀岩，与地心引力奋力抗争；

---

[1] 英文中的 Scotch 是一款透明胶的商标名。

也有些人喜欢钓鱼或者投身电子竞技。然而，还有一些人，对他们而言，工作就是娱乐。许多科学家都属于这一类人，"自然哲学家们"[①]自古以来就喜欢将大量的业余时间（以及个人或者他人的财富）用于探寻人类、世界和宇宙深奥谜题的答案，相关的历史故事可谓不胜枚举。

安东尼·范·列文虎克[②]（Antonie van Leeuwenhoek）、第谷·布拉赫[③]（Tycho Brahe）和艾萨克·牛顿都是这类科学家的典范。充满激情和好奇心的人往往更善于提出具有创造力的问题，这些问题的答案可能并不会带来什么即时的经济价值，但问题本身的意义却非常重大。许多这样的问题，这种如饥似渴的求知欲，不仅可能会使提出问题的人彻夜难眠，而且最终还可能以我们当时无法预见的方式改变我们的日常生活。

不幸的是，在当今的学术科研氛围中，最被广为接受并且令人生畏的一句话是"不发文，就没门"（publish or perish）。这种说法刚开始时可能只是半开玩笑式的，指的是对于科学发现而言，除非最终被发表并被科学界普遍接受，否则没有任何意义。然而，现在这个短语似乎已经越来越接近它的字面含义了。

科研人员往往承受着学术成绩一定要优于同行的巨大压力（也可以理解为竞争），而要做到这一点，就只有产出更具意义且可以发表的科研成果，最终为自己的实验室和所在的研究机构带来更大的荣誉。科研经费、任期评审，以及学术上的自我实现，无不与这种模糊不清的评判标准息息相关，直接决定着每一位研究者研究成果的价值高低。如果取得的成果不能让导师满意，学生们就有可能受到导师最具诋毁性的言语威胁，连未来的职业生涯都有可能受到影响。

---

① 对科学家早期的一种称呼。
② 安东尼·范·列文虎克（1632—1723），荷兰科学家，是最早使用显微镜对微生物进行研究的科学家之一，被誉为"微生物学之父"。
③ 第谷·布拉赫（1546—1601），丹麦天文学家。

因此，对于科学家来说，做实验"也很好玩"可以称得上是一种极不寻常的特权，而"正事"之外的"玩乐"就更是鲜有实验室能够负担得起的奢侈了。虽然多数实验室都长期处于资源、时间和资金紧张的状态，但总有一些满怀激情的研究者能挤出一些资源，投入到少量的成功可能性微乎其微的实验中去。这些尝试多数都只能作为个人的玩乐和创造力训练，往往不会得到什么有用的结果，但偶尔也会取得一些不同寻常或者意料之外的发现。虽然这些实验属于"附加"项目，但实验的各项条件仍然会非常严格，实验结果也会被忠实地记录下来。

石墨烯的发现便属于这样的项目成果。2010 年，安德烈·海姆教授在诺贝尔奖颁奖典礼的演讲中介绍了石墨烯的发现过程，他的演讲题目是《随意"漫步"发现的石墨烯》（*Random Walk to Graphene*）。演讲的标题体现出对一种数学理论的认同：在初始条件相同的情况下，由于不可预测的外部影响，随着时间的推移，事物的发展轨迹会变得各不相同。从题目还可以看出，这一发现是业内著名的"周五晚间实验"（Friday Night Experiments）的结果。这些实验往往研究的是那些与日常科研任务无关的问题，而且更具创意和自由度。这类问题可能完全是突发奇想，突然冒出来的灵感火花，而开展实验的时间也并不一定仅局限于周五晚上。

这个名字源于海姆的一次突发奇想，而时间刚好发生在周五晚上。当时他就职于荷兰的奈梅亨拉德堡德大学（Radboud University Nijimegen）。在美国全国公共广播电台（NPR）《面面俱到》（*All Things Considered*）专栏一篇名为《搞笑诺贝尔奖对阵诺贝尔奖：创意和趣味科学完胜》（*Ig Nobel to Nobel：Creative and Fun Science Wins*）的文章中，作者艾伦·麦克唐纳（Allen McDonald）博士这样评价海姆："海姆具有非凡的创造力。他总是在探寻新的事物，但希望有创新的想法是不够的。他真的具有非常敏锐的直觉。"

这种与生俱来的创造力使海姆在职业生涯的早期就敢于进行一些大胆的尝试。在一个周五的深夜，他决定向一个正在运行并且产生了很强磁场的电磁铁中注入水。这块磁铁是一个磁通量密度[①]为 20 特斯拉[②]的庞然大物，其强度约为地球磁场的 40 万倍。这套设备是当时世界上最强大的电磁铁之一。虽然不容易查到当时购买这台电磁铁的价格，但我们可以找到一个参照：拉德堡德大学的强磁场实验室（High Field Magnet Laboratory，海姆验证自己独特设想的地方）在 2014 年购买了两套新的电磁铁，总价格达到了 250 万欧元（按照 2014 年 3 月的汇率计算，约合 350 万美元）。这两套新磁铁的磁通量密度达到了惊人的 37.5 特斯拉，并且直到 2017 年仍是该实验室同类设备中最强的磁铁。

所以我们可以想象一下，一个晚上，海姆走进实验室大楼，决定把水倒进这台价格极其昂贵，且当时正在全速运转的设备时，他是何其大胆。好在磁铁带有一条横贯主体的圆柱形内孔，所以注入的水想来应该不会引发严重的后果，而是可以直接穿孔而出。当然，推测和现实有可能相去甚远。当海姆把水倒进磁铁后，水最终停留在了磁铁的内孔里：由于水具有抗磁性，因此出人意料地悬浮在了内孔里。

很难准确地描述抗磁性（diamagnetism），这种物理现象是指当被置于磁铁附近时，有些物体会对磁场产生微弱的斥力。关于这种效应存在着各种并不准确的类比，这很大程度上是因为我们对磁性的大多数类比，主要都源自我们对日常生活中常见的铁磁引力特性的感知。

比如，有这样一种描述（尽管可能过于简单化了）：当将一块磁铁靠近具有抗磁性的材料时，磁铁会排斥这种材料，而不是像接近磁

---

① 又称为磁感应强度。
② 磁通量密度单位。

性材料时那样会吸引后者。这就像威利狼（Wile E. Coyote）精巧的抗磁装置能够使他在追捕哔哔鸟①（Road Runner）时跑得更快，而不是将他牢牢吸住一样。

海姆的实验后来变得非常知名，被称为"磁悬浮青蛙实验"（Levitating Frog Experiment）。由于发现水能够悬浮在超强的磁场中，因此海姆和他的同事迈克尔·贝里②（Michael Berry）开始进行实验，研究超强磁铁对具有抗磁性的材料的作用。两人所具有的创新性以及难以遏制的好奇心驱使他们提出了一个问题：如果水由于具有抗磁性，因而可以悬浮在超强的磁场中，而生物体的主要成分就是水，那么是否说明只要磁场足够强，生物体也可以悬浮在磁场中呢？

事实证明，确实可以。海姆和贝里先后将榛子、鱼、草莓，当然，还有青蛙成功地悬浮在了空中。无生命的物体在空中悬浮并旋转的视频本身就很有趣了，而在青蛙悬浮的视频中，每当青蛙不由自主地翻跟头时，便会四肢乱蹬，竭力想要抓住一个牢靠平面的样子，更是令人忍俊不禁（青蛙从磁铁中被放出时安然无恙）。海姆和贝里随后发表了一篇论文，论文的题目是《飞翔的青蛙与悬浮器》（"Of Flying Frogs and Levitrons"）。

两人开展这项研究的部分动机是想向大众传播或者展示科学的趣味与奇妙，结果这项工作竟为这对搭档赢得了 2000 年的搞笑诺贝尔物理学奖（Ig Nobel Prize for Physics）。2010 年，海姆又获得了诺贝尔物理学奖，他也就此成为第一个获得了这两种诺贝尔奖的科学家。

想要理解为什么一个人获得这两种诺贝尔奖是一件意义重大

---

① 威利狼和哔哔鸟是华纳兄弟公司动画片《乐一通》（*Looney Tunes*）和《梅里小旋律》（*Merrie Melodies*）中的人物。
② 迈克尔·贝里（1941—　　），英国数学物理学家，曾获麦克斯韦奖（Maxwell Medal and Prize）、狄拉克奖（Dirac Medal and Prize）等物理学界的重大荣誉。

的事，我们首先必须要真正理解什么是"搞笑诺贝尔奖"，以及如何才能赢得这一奖项。搞笑诺贝尔奖创立于 1991 年，每年颁发一次，其颁奖仪式会故意夸张地仿效和恶搞传统诺贝尔奖颁奖典礼那种宏大的盛况和庄严的氛围。这一奖项的创始人是马克·艾布拉姆斯（Marc Abrahams），他同时也是《不可思议研究年鉴》[①]（*Annals of Improbable Research*）的联合创始人。搞笑诺贝尔奖致力于宣扬那些表面看起来搞笑，实质上却充满创造力的研究或者活动。这个奖项的官方网站上不断在强调该奖的设立宗旨："本奖项旨在表彰那些起初引人发笑，之后又不由得引人深思的各类成就。"

正统的诺贝尔奖的颁奖领域都是由创立者阿尔弗雷德·诺贝尔（Alfred Nobel）在 1895 年设立奖项时选定的（包括物理学奖、化学奖、生理学或医学奖、文学奖与和平奖）[②]，而搞笑诺贝尔奖则不受此类限制，自然科学和社会科学每年都会受到同等重视：彼得·巴斯（Peter Barss）医生在 2001 年的获奖理由是"对热带岛屿上由椰子导致的头部伤害的研究"；2000 年化学奖得主的获奖理由是"对爱和强迫症的脑化学的研究"；而 2016 年搞笑诺贝尔经济学奖的获奖理由则是"对石头的品牌人格的研究"（天知道这项研究的意义到底是什么）。近期的一项搞笑诺贝尔物理学奖则揭示了白马不容易被马蝇叮咬的原因。

如果你感到去探究那些提出这类愚蠢问题的人本身就很荒谬可笑，同时又想知道这些研究为什么可能会有重要的意义，那么你就已经找到入选搞笑诺贝尔奖的真正标准了。

到 21 世纪初时，海姆已经是一名独立的科研人员，他不仅年轻

---

① 搞笑诺贝尔奖就是由该杂志评选和颁发的。
② 这里没有诺贝尔经济学奖，诺贝尔经济学奖是由瑞典中央银行设立的。

而且富有冒险精神。海姆非常幸运，因为他不仅拥有高度的研究自主权，而且所处的科研氛围极其宽松，允许他开展各类趣味实验。各种"假如……会怎样？"的问题随时可能会出现在他的脑海里，然后一闪即过（有时真的是这样！）。只要手边有可以检验这些假设所需要的资源，海姆就会立即开展实验。当他在英国找到一个助理教授的职位时，海姆就将这种工作习惯也一并带到了英国。在他位于曼彻斯特大学（University of Manchester）的实验室里，研究人员们在选择研究方向时都拥有一定的灵活性，而且团队成员间建立起了良好的合作精神，有助于发挥彼此的技术专长。

安德烈·海姆和康斯坦丁·诺沃肖洛夫并没有刻意去研制石墨烯，至少他们并没有将目光盯在获得诺贝尔奖上。悬浮实验使海姆明白，偶尔涉猎一下自己专业领域之外的研究，可能会非常有趣，同时也是一场充满刺激的冒险。我们也可以将这视为一种智力体操。在多数情况下，这种跨界研究要么是解答了一个别人早已解答过的问题，要么是彻底走进死胡同。但无论最终结果如何，这种跨界研究都会增加你的阅历，无论作为一个人还是作为一名科学家，这都是一种成长。

当诺沃肖洛夫和海姆正在琢磨不久前的一个周五晚间实验中发现的问题时，诺沃肖洛夫的脑海中突然灵光一闪。在海姆带领的科研小组中，一位新来的研究生刚刚抛磨了一块石墨，准备获取一片尽可能薄的石墨，用来制作晶体管。这名研究生制备的石墨片已经非常薄了，但海姆认为还可以更薄。过去几十年间的研究表明，超薄的石墨应该会具有一些极为有趣的物理性质，而海姆的科研小组希望能做出一些有意义的发现。

令人遗憾的是，这名研究生用掉了整块石墨：石墨最后被磨得只剩下了一小粒。海姆后来在诺贝尔颁奖典礼的演讲中还回忆起这个故事，讲述了这名学生如何"为了获取一粒沙子而磨平了整座大山"。海姆还讲述了自己当时如何恰巧给了那名学生一块高密度石墨（high-density graphite）。这种石墨中含有晶相（crystal phase）各不相同的石墨晶体。与20世纪70年代发现的高定向热解石墨相比，高密度石墨并不太适合用于海姆实验室的研究，因为热解石墨的结构中存在许多尺寸较大的晶体，所以更便于抛磨。

正当海姆与一位同事谈起为了获取超薄的高品质石墨片进行实验，他的科研小组面临的种种艰辛与磨难时，灵光乍现的时刻到来了。这位名叫奥列格·什克雅莱夫斯基（Oleg Shklyarevskii）的同事非常熟悉在利用扫描隧道显微镜进行分析前，应该如何制备待分析的石墨。什克雅莱夫斯基向海姆演示了扫描隧道显微镜学家是如何清洁待分析的石墨样本的：将一条高黏度的办公胶带贴压在石墨表面，再小心地将胶带撕掉。胶带可以将手指上的油污、灰尘和其他污垢粘走。如果不清理掉石墨表面上的这些污染，最终拍摄的显微镜图像就会模糊。

胶带的作用有点像脱毛的蜜蜡，只不过是用在石头上。用过的胶带会被扔掉，从来没有人想过用显微镜观察一下胶带上粘着的那些石墨残片。这很可能是因为大家都以为观察到的图像一定会杂乱无章，难以辨认。但对那些愿意用显微镜观察一下的人来说，结果却出乎意料：粘在透明胶带上的石墨片实际上要比由石墨块打磨出的石墨片更薄！带着一丝幽默，海姆在诺贝尔奖颁奖典礼的演讲中回忆道："直到那时我才意识到，我建议使用抛光机来磨石墨有多蠢。抛光机去死吧，透明胶带万岁！"

如果你现在对自己说："嘿，等一下。这也太简单了吧。我感觉我现在就能用桌上的铅笔和胶带做相同的事情啊！"这么想就对了，你完全可以轻松模拟类似的实验。去找一张纸、一支铅笔和一卷胶带来。

真的。快去吧。我们在这儿等着。

现在都准备好了吧，先拿起你的铅笔，在纸上涂出一个边长1厘米的小方块。不需要涂得非常黑，按正常的书写力度涂就可以了。这样你就准备好了一个可以用胶条粘贴的石墨平面。请注意，在这个演示中，如果用笔尖来涂效果会不太理想。当你画好了如图3-1所示的正方形后，撕下来一段10~15厘米长的胶带，用拇指和食指将胶带拉直夹紧。这样做是为了确保胶带不会自己粘贴住，也不会粘到你或其他无关的物体上。

现在，小心地选取胶带的任意一端，将大约3厘米长的胶带粘贴到纸上。适度用力按压，使胶带接触到整个石墨方块。小心地拉起胶带，慢慢将胶带移开，避免将纸撕破。这时你能否看到一些石墨从纸上转移到了胶带上？转移到胶带上的石墨呈暗黑色，许多胶带上的碎片其实并不是石墨烯，而是一小团一小团的石墨粉。接下来我们会进一步把这些石墨变薄。这种从物体表面（无论是石墨还是一张纸）上撕拉出石墨薄片的过程被称为剥离（stripping），也就是将某种东西（这里指表面的石墨薄片）从另一种东西（这里指纸张）上撕下来。

为了模拟将石墨薄片逐层变得更薄的制备方法，你需要沿胶带的长边反复粘贴-撕拉：先将胶带对折粘贴，然后撕开并粘贴到下一段胶带上，接着再撕开，这样不断重复，利用胶带的黏性，一次又一次地将石墨变得更薄。从图3-1可以看出，随着剥离过程的推进，胶带上石墨图样的颜色会越来越淡。在图的左侧共有四个剥离后的石墨图样，但你只能看到其中三个。最淡的一个便会包含低密度的石墨薄片，因而也很有可能会含有一些石墨烯。看来我们这几分钟没有白忙活！我们不错地再现了诺沃肖洛夫和海姆发表在《科学》（*Science*）杂志上的论文中的图片！

图 3-1　在纸上用铅笔涂出一块石墨图样（右），然后将胶带粘贴在这块图样上，使一部分石墨转移到胶带上。通过不断粘贴－撕拉胶带，使胶带上的石墨越来越薄
（摄影：约瑟夫·米尼）

　　要想查看实验结果并确定自己制备出了多少片单层石墨烯，你需要准备一个涂有 300 纳米厚的二氧化硅（silicon dioxide，也就是玻璃）的硅片，然后将粘有最淡的石墨图样的胶带按压到硅片的表面上。当胶带被撕下时，石墨薄片就会粘在硅片上，我们可以利用一种叫作干涉显微镜（interference microscope）的设备来观察制备出的石墨烯。这种显微镜拍摄的照片能够呈现出一个小的区域中存在的拓扑差异（topographical difference），因此在粉红色的背景下，单层的石墨烯薄片会呈蓝色。

　　如果照片中的石墨烯薄片存在堆叠，那么当堆叠的层数超过 5 层时，图像的颜色就会变为灰绿色，当堆叠的层数超过 10 层时，图像的颜色就会变成黄色。这个很简单的辨识方法应该可以算是石墨烯早期研究中最重要的发现了，我们将在下文中进一步探讨。

　　成分极其简单的双极导体对于海姆的科研小组而言，有趣的工作才刚刚开始。能够从石墨表面剥离出少量物质自然是好事，但科学需要量化，需要可以重复的数据。一篇论文需要开篇、正文和结论。除此之外，还需要讲述出有趣的新成果。从定性的角度而言，这些薄片的确看起来比抛磨出的样本还要薄——但究竟薄了多少呢？而且要怎样来讲述整个剥离的过程呢？石墨烯会如研究人员所愿，成为某种有趣的材料吗？在科研人员的诸多理论预测中，有多少是正确的，又有多少会被推翻呢？

康斯坦丁·诺沃肖洛夫当时是海姆科研小组的一名研究生，他决定接受挑战，搞清楚如何才能最好地掌握这种新发现。刚开始时，他先用镊子手动将石墨薄片转移到玻璃上，然后进行实验。海姆则订购了一些硅片，硅片表面涂有一层薄薄的二氧化硅。海姆购买这些硅片是为了对石墨烯的电子学性质进行研究，希望能够发现一些有趣的结果。然而，他们面临的困境仍然是缺乏有力的证据：他们需要找到一些只有几十层厚的石墨烯样本，并证明实验过程是完全可靠而且是可重复的。

在通常的光照条件下，薄到这种程度的石墨烯基本上是透明的。这种特性在某些应用中很有用，但如果你想利用可见光来观测这些薄片，情况则不然。幸运的是，诺沃肖洛夫想出了一个巧妙的小技巧：他将石墨烯压在硅片上，然后利用薄片和硅片之间的光波干涉图样，来确定硅片上不同位置的薄片的厚度。薄片厚度不同，其干涉图样呈现出的颜色就会不同。这就使诺沃肖洛夫能够快速判断显微镜图像上的图样的相对大小。

科学家发现能识别石墨烯色彩鲜明的图样的方法，纯属一个幸运的意外。海姆在2007年时发表了一篇综述，对早期的石墨烯研究工作进行了回顾。在这篇综述中，海姆曾提到，哪怕只是选错了硅片上二氧化硅涂层的厚度，就会给他们的发现带来灾难性的后果：使用他们采用的显微镜观测方法，仅仅5%的厚度偏差就会导致单层石墨烯无法被观测到。

"成功的关键因素，"海姆写道，"就在于创新的观测方法。必须将石墨烯置于涂有二氧化硅的硅片上，并且慎重选择涂层的厚度。只有这样，通过与没有石墨烯的硅片形成的微弱干涉样图案，才有可能在光学显微镜下观测到石墨烯。如果没有这种简单而有效的方法，我们就无法仔细观察衬底[①]（substrate）进而寻找石墨烯微晶，那么我们可能至今仍然不会发现石墨烯。"

在早期的研究中，诺沃肖洛夫探索出了发现最薄石墨烯薄片的方法，对这种方法最恰当的描述莫过于"大海捞针"。试想一下，在将胶带上的石墨转移到硅片上后，如果你想在硅片上找到石墨烯微晶，那么你就需要在许多尺寸更大、更加混乱的碎片中去寻找。要找到具有特定性质的薄片需要极大的耐心和毅力。在研究者所要寻找的薄片中，最大尺寸的薄片的宽度也只有一根头发那么粗。而且即使你从大海中捞出了那一根针，也只是完成了整个挑战的一部分。

海姆转而对石墨烯产生浓厚的兴趣，是由于这种材料具有诱人的电子学特性，不过在当时，这些特性还只是理论上的推测。60 年来，物理学家一直预测石墨烯可能具备令人兴奋的特性，认为这种材料可能是一种兼具弹性和柔韧性的超导体。要想证实或者证伪这些猜测，靠的不是在黑板前授课的"理论派"，而是善于闷在实验室里做实验的"实验派"。因此，海姆把主要的关注点聚焦在了这里：将电极与石墨烯相连，然后研究石墨烯在电路中的导电性能。可是你如何把导线剪到比头发丝还要细得多的程度，进而用于实验呢？可以想象，这项任务绝非无足轻重。

诺沃肖洛夫接受了这项挑战。他用镊子、牙签和具有导电性能的含银漆小心翼翼地把接触点画在一片很薄的石墨片上。请注意，我们

---

① 指硅片。

在这里特意使用了"石墨"这个词。因为在他们制作第一个电路时，使用的薄片并不是单层的石墨烯，而只是制备出的非常薄的石墨片，仍有几十层的厚度。如果不是从这种小型的场效应晶体管（field effect transistor）实验中观察到了一些实验结果，这个架构简单的电路可能早就被束之高阁了，整个项目也会被彻底放弃。幸运的是，海姆和诺沃肖洛夫注意到，当向硅片通电时，这个小小的装置会产生微小但可重复的导电信号。以这种方式证实科学猜想是一件非常令人欣慰的事，这显然为所有的付出给予了巨大的回报。

这里特别要强调的是，剥离或观测到石墨烯并不是海姆和诺沃肖洛夫获得 2010 年诺贝尔奖的原因。尽管"透明胶带法"的确别具创意，但仍够不上获奖理由。事实上，诺贝尔基金会官方的授奖理由是"在二维石墨烯材料领域的开创性实验"。这一点非常关键，因为海姆自己也坦率地承认，在他们开展这个研究项目之前，就有其他研究人员观察到了石墨薄膜，某些科学家很可能也观测到了单层的石墨烯：

> 在有关石墨烯的文献中，尤其是在科普文章中，"透明胶带法"往往成了宣传的重点。由于正是通过这种方法实现了超薄石墨薄膜和石墨烯的剥离与鉴定，因此"透明胶带法"受到了大众的热捧。对我来说，这种方法的确可以算作一项重要进展，但还难以算作一项重大发现的突破性时刻。毕竟我们的目标始终是去探寻令人振奋的物理现象，而不是单纯地在显微镜下观察超薄的薄膜。

海姆和诺沃肖洛夫于 2004 年发表在《科学》杂志上的那篇著名论文曾两次被《自然》杂志拒稿，拒稿理由是这篇论文对相关领域的科学探索没有显著的推动作用。拒绝这篇论文的编辑很可能非常了解石墨薄片此前的研究进展，而海姆也坦陈，单纯描述观测到的现象的论文本身就显得无足轻重。

真正令 2004 年的这篇论文（以及其他几篇支持其初始实验结果的论文）脱颖而出的，是测量数据表明，石墨薄片的电学性质会随着施加在硅片上的电场的变化发生改变，就像栅极（gate）能够影响场效应晶体管中的电流一样。然而，真正艰苦的工作还在后面。在这样一个草草搭建的电路中，测量出小硅片的电场效应的确是很了不起的成就，但要想吸引专业期刊编辑与相关各界的更多关注，数据质量仍需提升。最终，这篇论文于 2004 年发表在了具有极大影响力的期刊①上，也为各方的发现"赛跑"拉开了序幕。

利用硅片作为场效应晶体管的栅极，两根导线作为穿过石墨薄片的源极（source）和漏极（drain），就能产生一个电场。这里需要多解释几句。在场效应晶体管中，有三个部分必须协同工作才能使其正常运转。这三个部分是源极、漏极和栅极。栅极起着开关的作用，通过这个开关，电流可以从源极传导至漏极。当栅极关闭时，系统内将不再施加电场，我们也将晶体管这时的状态称作"关闭"了。

当栅极处于开启状态或者说被打开时，电流就能从源极流向漏极，而当栅极关闭时，则没有电流流动。正是这种开或关（也可以分别用 1 或 0 来表示）赋予了计算机电路中晶体管的逻辑和计算能力。这些数学运算得以进行，有赖于由导线和半导体芯片组成的电路中高速流动的电子。这种利用电场来调制晶体管内电流开关的效应，被称为场效应（field effect）。

有一些材料（如电线等普通的导电材料）在栅极关闭的状态下仍然能够实现源极和漏极间的正常传导。由于在人体能够适应的温度范

①这里的期刊指《科学》杂志。

围内石墨烯就是一种导体，因此在石墨烯电路中诱导电子流动并不难。令海姆和诺沃肖洛夫感到惊讶的是，即使是在他们最早的实验中，当栅极电压从关闭转为开启时，几纳米厚的石墨片也会出现导电能力大幅增加的现象。不仅如此，更令人惊讶的是，电压的实施方向对此不会产生丝毫影响。即使将源极线和漏极线对调，仍然可以在显微镜下观测到相同的场效应。

尽管仅仅因为石墨烯薄片的化学组成极其简单，就认定这种材料不可能是双极导体（ambipolar conductor）的想法听起来就非常荒谬，但这一研究结果实实在在地证明了石墨烯薄片确实是双极导体，因此由石墨烯制成的电子器件无需任何额外的特殊处理。这将大大降低消费者接纳此类设备的门槛。由于这种效应不受电流方向的影响，所以它被称为双极场效应（ambipolar field effect），其中前缀"ambi"的意思是"共、双"，就像"ambidextrous"（双手都很熟练）中表达的意思一样，而"polar"的意思是电磁场的极。

谁才是石墨烯的最早发现者？

海姆和诺沃肖洛夫花了几个月的时间来整理数据，最终将论文投稿给了一家学术期刊。2004年10月，《科学》杂志发表了这篇题为《原子级厚度的碳薄膜的电场效应》（"Electric Field Effect in Atomically Thin Carbon Films"）的论文。继这篇论文之后，另外两篇论文又于2005年相继在其他科学期刊发表，分别为《二维原子晶体》（"Two-Dimensional Atomic Crystals"）和《石墨烯中的无质量狄拉克费米子二维气体》（"Two-Dimensional Gas of Massless Dirac Fermions in Graphene"）。通过这三篇论文，海姆和诺沃肖洛夫提供了充分的证据，使他们坚信力求研制出更加优质、小巧、组装精密的元器件是一个非常值得努力的目标。海姆的团队随后将注意力转向与其他研究人员的合作，不断提高其研发质量更高、更具特色的元器件的能力。

然而，目的仅为验证元器件制造工艺的复杂实验耗资非常大，如果你不断发现制造工艺仍不够好，那么情况就更是如此了，因为你不得不将制造出的元器件扔进垃圾桶并重头再来。就这样，不断改进的制造工艺使研究团队得以开展更多的实验。最终，他们观测到了单层石墨烯极为有趣的特性，同时也意识到自己即将迎来重大的发现。

在近 10 年的时间里，海姆始终保持低调，他只是表示"令研究人员感到惊讶的不是观察到和剥离出了石墨烯，而是石墨烯所具有的电子学特性"。他说得没错，在研究人员着手探究石墨烯的力学特性之前，电子学特性确实是石墨烯最吸引人的研究课题。

康斯坦丁·诺沃肖洛夫充分意识到了这一发现的重要意义以及巨大的经济潜力，但他却持有分享科学发现的喜悦以及通过共享信息推动科学进步的理念，虽然这意味着其他人也将因此获得作出新发现的机会。在一次由曼彻斯特大学组织的采访中，诺沃肖洛夫说道："我认为，与其他实验室公开分享自己的研究成果，是应有的学术作风。"我们之所以能够发现石墨烯这么多奇妙的性质，主要是因为科研人员通过大量的实验、分享和辩论，不断提升了我们对这一材料的认知。如果知识只被掌控在极少数工程师的手中，那么是不可能做到这一点的。

诺沃肖洛夫的这一理念与 200 年前的英国著名化学家、发明家汉弗莱·戴维爵士所提倡的精神如出一辙。在第 2 章中，我们曾介绍过戴维爵士利用木炭研制白炽灯的过程。实际上，他的文字功力同样超群。对于信息共享这一问题，戴维所持的观点与宣扬数据开源的益处并意识到"邓宁-克鲁格效应"①（Dunning-Kruger effect）的当代科学家的观点完全一致：

> 在商业领域，如果不能与邻国在需求、资源和财富方面实现互利互惠，任何国家都不可能成为超级强国。同样的道理也适用于科学领域……幸运的是，科学与其所属的自然界一样，既不受时间的限制，也不受空间的限制。它是属于全世界的，既没有国别，也不分年限。我们知道得越多，就会越感觉到自己的无知，越觉得自己还有许多不知道的事情。

当海姆表示，对石墨烯薄片的观察并不属于此次重大发现的关键所在时，他并不仅仅是出于谦逊。海姆和诺沃肖洛夫虽然最终登上了石墨烯发现者的宝座并赢得了诺贝尔基金会的认可，然而在此过程中，学术界对这种认定不无争议，因为在当时，对碳纳米材料的研究已经开展了 15 年之久，而且进展速度惊人。碳纳米管成为科研热点已经有近 10 年的时间。早在 2004 年，科学家就已经知道碳纳米管展开后就是石墨烯。从科学文献中可以看出，当海姆和诺沃肖洛夫涉足该领域时，石墨烯的特性早已成为研究热点。

例如，在海姆和诺沃肖洛夫于 2004 年发表第一篇论文后两个月，佐治亚理工学院（Georgia Institute of Technology）教授沃尔特·德·希尔（Walter de Heer）发表了一篇题为《超薄外延石墨：二维电子气的特性以及通往石墨烯纳米电子学之路》（"Ultrathin Epitaxial Graphite: 2D Electron Gas Properties and a Route toward Graphene-Based Nanoelectronics"）的论文。这篇论文描述了一种不同的石墨烯薄片制

---

① 指人在心理学上表现的一种认知偏差，错误地高估自己的认知能力。

备方法：德·希尔和他的同事们采用外延生长（epitaxial growth）的方式，用碳化硅制备出了石墨烯。这种石墨烯（被称为外延生长石墨烯）在一定程度上借鉴了 19 世纪末由爱德华·G. 艾奇逊首创的石墨合成法。当我们在第 5 章进一步探讨石墨烯的商业化潜力时，将对他做更多的介绍。德·希尔教授自 1993 年起便开始研究碳纳米材料，从富勒烯到碳纳米管等多个研究领域都有所涉猎。对于一名早期的石墨烯专家来说，这样的科研储备堪称完美。

早期就从事石墨烯研究的学者绝不止德·希尔教授一人。在 2011 年发表的一篇综述中，德·希尔指出，这种通过碳化硅外延生长制备石墨薄片的新技术是由 A. J. 范·博梅尔（A. J. Van Bommel）首创的，而且范·博梅尔当时就已能够描述出石墨薄片的表面特性。

在范·博梅尔的论文中，他曾表示自己发现了"源自单晶石墨的单层薄膜"。由于"石墨烯"一词直至 1986 年才由汉斯-彼得·勃姆（Hanns-Peter Boehm）提出来，因此早期的研究主要使用了"单层石墨"这类术语。1962 年，勃姆将还原氧化石墨烯[①]（reduced graphene oxide，RGO）薄片悬浮在水中，随后成功地将薄片沉积到了透射电子显微镜的金属网[②]上并对其进行了研究。勃姆和他的同事乌尔里希·霍夫曼（Ulrich Hofmann）根据研究结果撰写并发表了论文，这篇论文被公认为是第一篇有关石墨烯的观察报告，论文的标题《超薄碳薄膜的吸附行为》（"The Adsorption Behavior of Very Thin Carbon Films"）显然低估了它在未来将会引发的重大发现。

---

① 所谓"还原"是指利用化学或其他方法对氧化石墨烯进行处理，降低其中的氧含量（但仍会有氧残余）。
② 这种金属网是承载标本的平台。

第二部分

融入我们的生活

石墨烯完全能够改变整个世界，从高科技电子产品到不起眼的日常用品，适用范围几乎无所不包。这种材料似乎可以在无穷无尽的领域得到应用，产生出各种高效、强韧的新产品，为人类带来一个富足的新世界。

第 4 章
正在崛起的神奇材料

　　既然石墨烯只含碳元素，而且科学家们早在十多年前便已掌握了这种材料的剥离方法，那么为什么市场上的石墨烯产品至今仍然寥寥无几呢？我们还在迫切期待着悬浮滑板、超光速宇宙飞船，还有《电子世界争霸战》[①]（Tron）里那种闪闪发光的战衣。任何产品，从基础研究的实验室走向商店货架的过程从来都不是一帆风顺的，只不过科学发现与商业应用之间的时间间隔正在越变越短。

　　在众多的领域中，电力和内燃机的商业化引发了创新前所未有的爆炸式增长。人类在全球范围内的活动变得空前便捷。借助近乎即时的全球信息交流手段，世界各地的人们能够以更快的速度开展合作。在多数发达国家，随着信息获取门槛的降低，越来越多的人可以从事科技发明，世界上大多数人的生活品质也在稳步提升。终有一天，石墨烯将会走入千家万户。它将为我们的房屋提供电能，还能为我们净化水源。但石墨烯产品的研发现在处于什么阶段呢？

[①] 好莱坞 1982 年拍摄的电影，2010 年曾翻拍过，电影名为《创：战纪》（Tron: Legacy）。

从铝的往事说起

商业化的石墨烯产品的研发路线很可能与铝制品的商业化路线类似。汉斯·克里斯蒂安·奥斯特[①]（Hans Christian Ørsted）于 1825 年从明矾粉中提取出了金属铝。这项研究先于同样在从事类似研究的汉弗莱·戴维（怎么又是他？），因此奥斯特被认为是铝的发现者。虽然戴维对提取铝的早期工作有贡献，但他提取的样本不够纯，因此无法对铝的所有性质进行研究。在奥斯特的基础上，弗里德里希·维勒于 1827 年开始对铝进行研究（一年后，他又用无机物人工合成了尿素，彻底粉碎了"活力论"）。

不仅如此，金属铝与石墨烯之间还存在一处更深层面的相似点。和石墨一样，矿物铝（Al_2O_3）也是自古以来就被人们所熟知和使用的材料。然而在很长的时间里，这两者的真实特性却始终不为人知，直到科学家们凭借强大的毅力不懈研究，才最终破解了其中蕴藏的自然之谜。

铝的商业化应用既不始于高大上的飞机外壳，也不始于日常打包剩饭剩菜的铝箔纸。事实上，这种金属的生产加工难度很大，因而曾经被视作贵金属。位于华盛顿特区的华盛顿纪念碑的顶部就是用铝制造的（是的，你没看错），可见这种金属曾经的贵重程度。虽然美国的一些州议会大厦以及全世界的皇家宫殿都使用了黄金作为装饰，但美国第一任总统的纪念碑却被铺上了这种光彩熠熠的无色金属，四面都镌刻着值得铭记的重要日期和名字。铝制餐具则在拿破仑·波拿巴（Napoleon Bonaparte）的餐桌上找到了自己的用武之地。

[①] 汉斯·克里斯蒂安·奥斯特（1777—1851），丹麦物理学家、化学家，最早发现电和磁具有联系的科学家。

生产纯铝的极高门槛一直保持了 60 年之久，这期间铝始终是世界上最昂贵的纯金属。铝和氧之间形成的键非常强，因而需要极大的能量才能断开这些键，从而提炼出纯铝。

然而，要从熔融的液体中提取出铝并不容易。炼铝无法使用明火，因为火焰的温度不够高，无法提供足够的能量使两个原子间的键断裂。因此只能利用电熔炉（electrically driven furnace）的高温来炼铝。在 19 世纪早期时，由于已经用电力提炼出了许多种碱金属和碱土金属（元素周期表的前两列），因此通过电力实现炼铝便成了顺理成章的研究方向。

直到 23 岁的青年学生查尔斯·霍尔（Charles Hall）在奥柏林学院（Oberlin College）教授弗兰克·朱厄特（Frank Jewett）的指派下，接受了这项挑战，这一难题才得以破解。与 1820 年时相比，1886 年时的电池和电动涡轮机的性能都已经有了很大提升，因此为这类能量需求极大的反应提供电力也变得更为切实可行。铝金属拥有一条多余的空轨道，所以有很强的化学活性。早期大规模制造铝的尝试之所以会失败，是因为在当时使用的方法中，铝会与水发生反应，生成氧化铝（aluminum oxide）。

为了解决这个问题，霍尔意识到他必须采用电解其他金属（如镁或钙）的方法，而要实现这一点需要很强的创新力。其中涉及的一个难题是将氧化铝溶解到某种溶剂中，但普通的溶剂都无法做到这一点。最终，霍尔将氧化铝成功地溶解到了熔融态的氟铝酸钠（sodium hexafluoroaluminate），也就是冰晶石（cryolite）中。霍尔先将冰晶石在电熔炉上加热到 1 000℃，当冰晶石熔化后，他又将氧化铝加入到熔化的冰晶石中，并添加了一些氟化铝（aluminum fluoride）来降低熔点的温度。而实验中使用的熔炉和电棒恰恰都是用石墨制成的。通入熔融态的液体的电会使铝和氧原子间的键断裂，接着就能收集到铝球了。

同样对电解法充满浓厚兴趣的还有法国化学家保罗·埃鲁（Paul Héroult）。几乎在同一时间，他也实现了与霍尔基本相同的电解过程。在对类似产品同时申请专利的例子中，亚历山大·格雷厄姆·贝尔（Alexander Graham Bell）和伊莱莎·格雷[①]（Elisha Gray）可能是最著名的一对，但霍尔与埃鲁显然可以在"同期专利申请排行榜"中位列前五。霍尔和埃鲁双双在欧洲和美国获得了专利，时至今日，全世界的炼铝产业使用的仍然是霍尔-埃鲁法（Hall-Héroult process）。

埃鲁此后又做出了另一项重要的发明——可以熔化铁的电弧炉（electric arc furnace）。电弧炉同样也是利用石墨棒来实现发电和加热金属的，金属在被电弧炉熔化后就能被用于各种铸造工艺。

在霍尔-埃鲁法大幅降低制铝的成本后，铝产品的价格也被相应地拉低了。现在，铝已经完全融入了我们的日常生活：当我们打开一个铝制易拉罐的时候，没准里面就藏着苹果电脑的大奖，而美国航空航天局（NASA）的"好奇号"火星探测器（Curiosity）的轮子也是用精加工的铝制成的。从前近乎无价之宝的商品，如今已变得司空见惯，无处不在了。

石墨烯产品也将遵循同样的发展趋势。一旦有人破解了生产大尺寸并且不含杂质的石墨烯薄片的难题，革命性的变化就会随之发生。但与这样的技术相比，目前在硅片上制备石墨烯薄片的技术还有很大的差距。人类对石墨的认知已经有上千年的历史，在我们拥有了对其性质进行检测的能力后，我们终于开始认识到它的真正潜力。

目前，一些含有质量中等的膨胀石墨[②]（exfoliated graphite）的产品已经开始上市销售，这些产品价格不菲，将为相关的尖端应用的研发

---

① 伊莱莎·格雷（1835—1901），美国电气工程师。

② 一种新型的功能性碳素材料，除了具备天然石墨具有的耐冷热、耐腐蚀、自润滑等优良性能以外，还具有天然石墨所没有的柔软、压缩回弹性、吸附性、生态环境协调性、生物相容性、耐辐射性等特性。

提供持续而必要的资金来源。生产环节一旦具备了原子级的控制能力，石墨烯的价格就会大大降低。不过虽然价格会下滑，但使用石墨烯的产品的数量却会在这时呈现爆发式的增长，从而创造出惊人的财富。

在家都能制造的万能材料

关于石墨烯的生产工艺，让我们大胆地想象一下。相关的生产工艺会不断得到改进，并被用于生产这种神奇材料，从而实现批量化生产。与此同时，各种新的生产方法还会不断涌现。随着价格持续走低，世界各地的发明家和科研人员将能以更低的成本开展实验，探寻更多新的应用领域。那么当我们能够批量化生产出价格低廉的石墨烯时，又该如何利用它来改变我们的生产方式呢？

在过去十年左右的时间里，增材制造（additive manufacturing）持续风靡世界。说起增材制造，这种技术的另一个名字也许你会更熟悉，那就是 3D 打印。相关技术爱好者习惯于使用后一种名字，而科研人员和业内人士则更偏向于使用前者。对于我们的探讨而言，两者并无差别。增材制造生动地描述出了其工作过程：通过一层又一层地叠加材料，制造出真实的三维物体，而且几乎可以使用任何材料。

许多早期的增材制造设备只能使用塑料，制造出各种物体有趣的3D 模型。但这项技术的能力范围正在迅速拓展，可以使用的材料正在变得越来越多。因此增材制造现在不仅可以用于制造简单刻板的有形物体，而且还能制造出构造复杂的器械，而且这些器械的性能和使用寿命丝毫不比使用传统方式制造出的产品逊色。

增材制造设备通常被称为打印机，因为它们的确像打印机一样，需要从计算机获取指令。在这种情况下，借助最先进的计算机辅助设计（computer-aided design，CAD）软件，计算机可以制作出打印物详尽细致的设计图。在 CAD 设计完成后，增材制造设备就会从 CAD 文件中读取数据，然后将打印原料以逐层累积的方式进行堆叠，最终打印出一件三维的物体。

很明显，关于向物体中添加石墨烯薄片，最适合从增材制造打印的结构材料入手。麻省理工学院的研究人员利用定制的增材制造设备，以石墨烯为原料打印出了各种三维物体，并将它们的物理性质与使用传统方式制造的零部件进行了比较。结果令人惊讶不已。部分 3D 打印的样品的强度是钢的十倍，而质量却仅是钢的二十分之一。这些科学家现在可以打印出机械强度更强的零部件和组件，取代那些用传统材料定制的钢部件。

增材制造设备现在已经可以被用于制造发动机这样复杂的系统了。与传统方法制造的发动机相比，这些发动机独立组件的数量要少得多，这是因为在此前，很多组件只能人工安装到发动机上，而增材制造的方法不需要。值得注意的是，这项技术正在各个行业飞速发展，其中甚至包括太空探索。据多方报道，波音（Boeing）、太空探索技术公司[1]（SpaceX）和 LauncherOne[2]等火箭制造商都在利用增材制造技术生产火箭部件。当然，这项技术也面临着一些问题，因为不是制造某种产品所需的所有材料都能够与增材制造工艺相兼容。例如，集成了复杂电子电路的设备目前还无法实现所需的微米[3]级或纳米级打印。当然，可用于"打印"复杂电子电路的其他工艺正在不断研发当中，某些技术甚至已经开始进入实用阶段。

---

[1] 由埃隆·马斯克（Elon Musk）创立的航天制造商和太空运输公司。

[2] 作者这里的陈述有误。LauncherOne 不是火箭制造商，而是维珍轨道公司（Virgin Orbit）一种研发中的火箭的名称。

[3] 1 微米 = 0.001 毫米。

这些新工艺与主流增材制造设备生产出的结构和机械系统之间，最终的集成还有待完善，因此还离不开传统的操作和人工或机器人处理环节。我们在第2章介绍过，利用预先规划的化学方案，分子电子学未来将可以创建这类复杂的三维电路。石墨烯具有优越的导热性能，因此如果得到应用，将有助于使结构内的电路的温度保持在较低水平。

我们目前还无法随心所欲地制造我们想制造的物品，但这是增材制造领域许多从业者的终极梦想。想象一下，当你能够打印出一座房屋，而且房屋的线路、管道、供暖系统以及空调全都无缝地与房屋整合到一起时（就像不同的颜色集中到一起形成一幅彩画），那将多么令人兴奋！

石墨烯将有能力帮助我们朝着这些目标迈进。例如，一家名叫3D石墨烯实验室（3D Graphene Lab, Inc.）的公司已经开始销售一种可导电的石墨烯聚合物纤维。也就是说，这家公司正在制造一种可导电的塑料。通过传统的3D打印机，这种塑料可以将电子元件集成到特定的结构中。基于这项技术，可以打印出光电器件（optoelectronics）、电容器、晶体管，以及本书介绍过的其他传感器，所有这些器件的性能都会因为石墨烯而得到增强或者提升。

尽管在小规模的实验室内，研究人员已经成功生产出了小批量的石墨烯，但要想提高产量进而满足商业应用的需求，科学家们仍然面临着严峻的挑战。除此之外，石墨烯的长期储存和运输方面也同样困难重重。如果你在网上搜索"购买石墨烯"，会发现许多公司都在售卖小瓶的黑色粉末，并将其称为石墨烯。

然而，除非进行严格的质控检测，否则你根本无法确定你买到产品就是自己想买的东西。由于石墨烯的绝佳特性来自单层原子结构内的碳-碳键，所以要牢记的一个关键点是，哪怕是几百层厚的石墨薄片仍然可以被视为纳米材料。然而，这类堆叠式的薄片虽然也可以被用于生产一些新材料，但作为一种革命性的材料，石墨烯激动人心的巨大潜力主要在单层石墨烯上。

我（约翰逊）在上小学时曾拥有一套化学实验套装。这可不是今天市面上那种安全至上，逗小孩子玩儿的化学实验套装。不，这可是一套真家伙，里面有装着各种化学试剂的瓶子，这些试剂包括单宁酸①（tannic acid）、氯化钴（cobalt chloride）、亚铁氰化钠（sodium ferrocyanide）和我最喜欢的酚酞（phenolphthalein）溶液。

套装中还有很多玻璃试管和烧杯，以及一份铀矿石样本！别忘了，那可是 20 世纪 70 年代，除非我们毫不担心孩子中毒，否则送孩子这么一套家伙可真不是什么好主意。不过，正是这样的科学套装大大提升了我对科学的兴趣，使我在大学时选择了化学专业。

当时我可不知道，就在我摆弄这些神奇的（有时是有毒或者致癌的）化学试剂，并在实验记录本上勤奋地记笔记时，我竟然无意间正在合成一种 21 世纪的神奇化学材料——现在被称作石墨烯的东西。只不过我并不是使用我的化学套装做到这点的，而是用手中毫不起眼的 2B 铅笔，在沾满化学试剂污渍的笔记本上，记录自己的观察笔记时做到的。要是石墨烯能这么容易地大批量生产就好了。

事实上，制造或分离特定化学物质的工业化过程简直令人望而生畏。想想炼油厂的情景就知道了。那些从地下开采出的原油原本是黑色浓稠的液体。通过极其复杂的加工过程，它们有的被提炼为汽油，灌入汽车的油箱，有的则被转化为塑料，用来制作矿泉水瓶。加工过程需要使用巨大的机械设备，反应不仅需要在高温和高压下进行，还会产生非常大的噪声，而炼油厂的工人们则要面对有损健康和安全的巨大风险。

---

① 单宁酸又称鞣酸。

炼油的第一步是蒸馏。在这个过程中，原油混合物会在一座高塔（蒸馏塔）中被加热。较重的含碳分子会沉到蒸馏塔的底部，而丙烷（propane）这类较轻的含碳分子则会上升到塔顶，两者就可以被分离开。聚集到蒸馏塔中层的分子随后会被制成汽车和飞机的燃料。

蒸馏的每一层产物都会被单独分离出来，沿专用管道输送到不同的地方进行加工。这期间不会产生任何浪费，每一种分子都会有相应的用途。位于顶层的烃即甲烷、乙烷（ethane）、丙烷、丁烷（butane），它们重量极轻，将会被转化为液体并储存起来。其他较轻但具有较强化学活性结构的烃，比如乙烯（ethylene），则被用于制造塑料或者更加复杂的化合物的构建"模块"。位于底层的物质，或者说蒸馏塔内残留的物质，大多数是呈浓稠沥青状的焦油（tar）。在这些底层的物质中，中间一层的沉积物会在高压下与氢气发生反应，产生汽油、柴油和航空燃油，这个过程被称为转化（conversion）。然而提炼出的汽油还不够纯，因此最后还需要经过化学处理，去除掉含硫和含氮的污染物，然后再送入储存设施、卡车，最终被运往加油站，为我们的汽车加油。炼油厂所需的相关设施要占地数平方英里[1]，至少需要数百名工人。

与炼油相比，用铅笔芯和胶带从普通石墨中分离出石墨烯的方法听起来则平淡无奇，简单到令人难以置信的地步。然而，石墨烯要想实现我们期望的（一部分已经进行了实际测试）所有颠覆性的变革，就必须要形成一个自动化的生产流程，单日产量至少要达到公斤级（也就是说年产量需要达到吨级），而不是现在的以克为单位。我们在第1章中曾经介绍过，石墨基本上是石墨烯以层状堆叠而成的，好像在等待有人将它逐层剥离一般样。然而，这恰恰是石墨烯最令人头疼棘手的地方。

首先，我们可能需要摒弃使用剥离法来大规模生产石墨烯的思路。

---

① 1英里 = 1.61千米。

想象一下，在一个空旷的大房间里，挤满了工人，每个人都在忙着用胶带从铅笔芯上剥离石墨烯薄片，这也太搞笑了，完全不现实。也许有人能想出将剥离过程自动化的方法，但即使是这样，恐怕也很难将生产规模提升到满足大批量生产的水平。换句话说，你可千万别把自己的养老金押到胶带期货这样的投资方向上去。

罗格斯大学（Rutgers University）的研究人员正在尝试以普通的石墨薄片为原料，使用硫酸（sulfuric acid）或者硝酸（nitric acid）来制造石墨烯薄片。在电影和电视中，这种酸类化学品听起来很恐怖，但实际上它们在世界各地都很常见，并且经常被用于各种化学反应。当加入酸后，构成石墨的石墨烯薄片会被氧化。氧化反应添加的氧原子会导致一层层石墨烯薄片剥落下来，产生的氧化石墨烯（graphene oxide）薄片就会悬浮于酸液和水中。接下来，用滤纸将液体过滤掉，氧化石墨烯薄片就会全部被收集在滤纸上。滤纸上累积的这些物质最终会形成一张纸片状的氧化石墨烯薄片。通过使用不与氧化石墨烯发生反应的溶剂，就能将滤纸溶解掉，从而得到这张"纸片"。

最后一步是去除掉氧化石墨烯中的氧，这一步反应需要借助还原剂肼（hydrazine）来完成，最终产生一种纯的石墨烯层。这种方法制造出的材料被称为还原氧化石墨烯。在这个名称中，"还原"指的是化学上的还原反应。在这个过程中，随着还原剂肼将氧清除掉，石墨烯碳原子的氧化态也会随之降低。作为还原剂，肼在这一反应中会被氧化。

当向分子提供能量时，会发生许多有趣的化学反应。人类很久以前就认识到了这一点，因此不断搭建规模越来越大、温度越来越高的火堆来熔炼不同的金属矿石，最终提炼出了各种金属，而这为人类文明的形成和进步提供了基础。通过调整使用的燃料、熔炉的形状，以及熔炉中的通氧量，我们可以将火力控制在"恰当"的水平。

通过加热也可以产生石墨烯，这就是我们在第 2 章中介绍过的化学气相沉积法。

甲烷是我们熟悉的一种富含碳的气态化合物，可以在高温下与铜反应生成石墨烯。反应的过程很简单，只需先将铜加热至大约 1 000℃，然后通入甲烷气体，这时甲烷气体中的碳原子就会在铜的表面形成一层层的石墨烯。但这种方法存在两个大的问题，一个是产量小而耗时长，另一个则是生产出的石墨烯质量不够好。

加州理工学院的大卫·博伊德（David Boyd）博士和他的合作者已找到一种改进化学气相沉积法的方法，可以实现在较低温度下生成较高品质的石墨烯。他们也是使用铜和甲烷，但还加入了一些氮气来改善铜上石墨烯层的形成过程。虽然这种方法仍需要加热，但反应要求的温度要低得多——利用这种新方法，温度只需要达到 420℃即可。在化学气相沉积领域，全球的工业界积累了丰富的经验，因此应该最终可以利用这种方法来大规模、自动化地生产石墨烯。目前的努力目标是实现一次性生产出英寸、英尺①，甚至是码②尺度的高品质石墨烯。

危险的化学品、复杂的设备、繁多的化学反应和流程，有没有觉得过于复杂，不太喜欢？那么还可以考虑一下另一种方法。这种方法是堪萨斯州立大学（Kansas State University）的科学家发明的，他们通过引发爆炸来生产石墨烯。你制作过马铃薯炮（spud gun）吗？大致的做法是这样的：找一根 1 ~ 2 米长的 PVC③塑料管，将火花塞和一个快速密封端帽安装在塑料管的一端，形成一个燃烧室。从塑料管的另一端塞入一个马铃薯，将此时已密封好的燃烧室内充满易燃气体（发胶就可以），这样你就拥有了一门马铃薯炮。一旦马铃薯

---

① 1 英尺 = 30.48 厘米。
② 1 码 = 0.91 米。
③ PVC 是聚氯乙烯（polyvinyl chlorid，PVC）。

上膛，燃烧室内充满发胶并密封好，你就可以把炮管对准你想要打击的目标，然后用电池通电来引发火花塞点火。由此产生的小型爆炸会产生比较大的压力，从而将马铃薯喷出管口，喷射距离通常可以达到数十米。堪萨斯州立大学的科学家制造石墨烯的方法与马铃薯炮燃烧室内发生的过程非常相似，这一过程也有可能实现规模化，提高石墨烯的产量。

与马铃薯炮不同的是，堪萨斯州立大学的科学家不是使用PVC管，而是使用更加坚固的燃烧室来进行燃烧反应。发胶也被替换为乙炔或者乙烯和氧气的混合气体。他们仍然使用火花塞作为点火工具，点火的原理也和马铃薯炮一样。在反应中，这种由乙炔或者乙烯气体构成的燃料，将转化成石墨烯和其他一些含碳残留物。

有趣的是，刚开始时，这些科学家进行这项实验的目的并不是研发石墨烯。相反，他们试图制造的是炭黑气凝胶（carbon soot aerosol gel）。我们都清楚这个过程肯定会产生炭黑，但炭黑能有什么用处呢？以此为切入点，堪萨斯州立大学的专利部门启动了炭黑气凝胶的研发项目，希望研发出能够用于绝缘系统和净水系统的炭黑气凝胶。

堪萨斯州立大学的科学家开展上述实验的原因正在于此。但当科研人员发现真正有价值的研发目标不是炭黑，而是石墨烯时，最初的凝胶研究项目很快就被放弃了。不仅如此，他们的目标已经不再是制备出少量的石墨烯。这些科学家宣称，在迄今为止大批量生产石墨烯的有潜力的方法中，他们的生产工艺是成本最低的，而且耗能也不多。当然，任何方法都不简单，但这种方法听起来至少是值得深入探索的几种方法之一。

此外，还可以用大豆油为原料，使用化学气相沉积法来制造石墨烯。是的，就是你在家做饭时使用的大豆油。讲到这里，你有没有一种大势扑面而来的感觉？世界各地的研究者都在为制造石墨烯积极寻找充满创意的新方法。对于所有研究者来说，目标都很明确，因此他们开始探索各式各样的石墨烯制造方法。这种新方法是一个澳大利亚的研究小组发现的。他们利用普通的大豆油在镍（nickel）衬底上生产出了单层的石墨烯薄片，而且有望一次性产生大面积的薄片。

这种工艺是在本书前文中介绍的化学气相沉积法的基础上衍变而来的，但两者间存在一个显著的差异：这种新方法是在大气环境下实现的（无需专门的真空室），并且耗能也不像其他化学气相沉积法那样多。秘诀就在于这种方法使用了镍箔作为催化剂，以及对整个过程的温度进行了精细的控制，尽可能避免产生二氧化碳。太神奇了，这边进去的是大豆油，那边出来的就是石墨烯啦！值得一提的是，这个研究小组还研究了其他一些金属箔片（包括铜）用作催化剂的可行性，但这些金属都无法催化形成石墨烯。只有镍做到了。

当尝试的各种方法不太成功时，为什么不干脆回家，用我们的家用蔬果搅拌机来制作这种21世纪的神奇材料呢？都柏林三一学院的乔纳森·科尔曼（Jonathan Coleman）就是这么做的。他和他的团队把一些石墨放入一种搅拌机中，并加入一种市售的洗洁精，然后按下启动按钮进行搅拌。只需再经过一些简单的流程，就能从搅拌后的产物中分离出新形成的石墨烯薄片。科尔曼和他的同事们发现，在一个10 000升的容器内，利用一套十分普通的搅拌设备，就能够以每小时数百克的速度生产石墨烯。只不过，目前还不清楚，这种方法生产出的石墨烯是否具有比较高的品质。

通过检索科学文献，我们可以发现目前已经有很多生产石墨烯的技术，利用这些技术生产出的石墨烯的质量参差不齐。大多数这些技术听起来都令人感到高深莫测，例如声波法（sonication）、电化学合成法（electrochemical synthesis）、外延生长法和乙醇钠热解法（sodium ethoxide pyrolysis）。所有这些技术的共同之处是流程复杂、耗能高、产量少，而且最后都需要从其他反应产物中分离出石墨烯。

迄今为止，还没有一种简便易行的生产技术，能够大批量生成出高质量的石墨烯。要想真正将石墨烯的神奇潜力发挥出来，不仅需要实现大规模的生产，而且成本还必须要低廉才行。利用上述技术和其他一些本书未提及的技术，科学家们不断在石墨烯的发现和制造领域奋勇创新，因此我们距离这一目标已经越来越近。

你想买一片在硅衬底上生成的 10 毫米见方的单层石墨烯吗？ 146 美元。一片铜衬底上生成的长 60 毫米宽 40 毫米的单层石墨烯要不要？ 172 美元（2017 年的价格）。已经有专业的公司开始销售石墨烯，用户以十分合理的价格就能买到石墨烯样品。事实上，最少花 124 美元，你就能从这些公司购买到在指定的衬底上生产的小片石墨烯。

尽管如此，制造石墨烯仍非易事。目前最畅销的石墨烯都是用膨胀石墨制备的，而这些膨胀石墨则是以开采的天然石墨使用化学方法制造的。正因为如此，拥有石墨矿股权的企业纷纷加入到了这场石墨烯革命的竞争中，并利用他们对原材料的控制权来抬高其股价。这与铝市场的发展状况十分相似——两者都需要占取丰富而廉价的矿产资源，然后从中提炼出更具价值的产品。但是如果市场或行业规章没有达成统一的标准，在众多所谓的石墨烯产品中，买家如何确定哪一种最适合自己的需求呢？

新加坡国立大学的先进二维材料研究中心为此设立了 7 种不同的测试，用于对石墨材料进行评估，以认定不同的质量和特性。遗憾的是，在这些测试中，只有少数几种可以在一般的企业实验室中进行，其他的测试都需要昂贵的设备，而且只有专门培训过的技术人员才能操作和维护这些设备。在未来，石墨烯制造公司可能必须在公司内直接开展所有这些测试，以缩减交货时间。没有人能够负担得起把每一批产品的样品都发往新加坡进行测试的费用。

在所有测试中，三种成本最低的测试分别可以用来确定石墨烯薄片的尺度、特定样品的缺陷[1]（defect）度及样品中含有哪些元素。薄片的尺度需用光学显微镜来进行评估：将石墨烯或者石墨样品置于载物台上，然后用光学显微镜对其进行测量。使用安装在显微镜上的照相机及电脑，科学家能够对石墨烯或者石墨颗粒的大致尺寸进行测量。

由于石墨烯的电子学性能对薄片的缺陷极其敏感，因此缺陷度被视为测评的一项重要参数。要测量石墨烯的缺陷度，需要对样品进行拉曼光谱分析（Raman Spectroscopy）。这种分析能够测量样品的振动模式。当石墨烯中的碳-碳键被氧气氧化后，石墨烯会变得容易受到环境中的因子的影响（本章的下文中会进一步探讨这个问题），而在石墨烯表面引入其他原子则会导致其性质发生显著的变化。例如，仅仅向石墨烯的结构中加入一个氢原子，就会导致石墨烯具有磁性。

在进行缺陷测评时，还需辅以元素分析，特别是碳-氮-氢-硫分析（Carbon-Nitrogen-Hydrogen-Sulfur analysis，CNHS analysis）。石墨是远古时期的生物体死亡后形成的，因此开采出的石墨中通常都含有这些生物体内残余的其他元素，这些元素最终会通过某些机制降低石墨烯的质量。可惜的是，CNHS 分析是一种具有破坏性的分析技术。在对样品的成分进行分析时，必须燃烧一部分样品。对于相对便宜的工业化膨胀石墨而言，这种方法确实有助于控制每批次的产品质量，然而对于采用其他方法生产的石墨烯样品来说，这种方法是完全不可行的。

---

① 真实存在的石墨烯并不是一张绝对平整的由碳六元环构成的大分子。研究表明，石墨烯本身具有一定的褶皱，并不是绝对平整的。另一方面，人工制备的石墨烯由于各种制备方法的限制，其结构中也存在各种缺陷。

我们可以利用许多种方法来确定特定石墨薄片的层数。其中一种方法是使用原子力显微镜技术（atomic force microscopy）。原子力显微镜有一个类似跳板的小杠杆，杠杆上安装有一根极细的探针。使用这根探针，科学家可以测量探针与样品之间的原子力。杠杆的顶部能够反射显微镜发出的激光，从而测量出探针在与样品表面的互动中发生的偏转。显微镜上的读数就是测定出的样品的厚度值。

由于石墨薄片堆叠的距离是恒定的，所以通过数学计算就能确定样品一共有多少层。原子力显微镜拍摄出的图像是多次线状扫描获得的图像叠加到一起产生的，因此能够呈现出样品的表面形态。事实上，这种技术最终创建出了一幅样品表面的高度图（height map）。

扫描电子显微镜（scanning electron microscope）和透射电子显微镜同样是观测石墨烯薄片表面形态的技术手段，只不过要比光学显微镜的观测效果更加精细。这两种分析工具的放大率和分辨率都要高得多，因此能够在薄片上找出"裂口"和"孔洞"等痕迹。这些痕迹有的是石墨烯中天然存在的，有的则可能是在剥离或者加工过程中形成的。将这两种分析技术与原子力显微镜分析相结合，就可以为石墨烯或者石墨样品提供一份最完整、最全面的三维图像。

先进二维材料研究中心开展的最后一项重要分析是 X 射线光电子能谱分析。这种技术能够在不损毁样品的前提下判定样品的化学组成，因此不仅可以获取 CNHS 分析能够获取的所有信息，而且无需浪费样品。在进行 X 射线光电子能谱分析时，X 射线会轰击石墨烯的表面，其中一部分 X 射线将被样品中的电子吸收。样品中吸收了电子的分子会受到激发，发射出光电子。这些光电子的能量特征与元素的种类相关，所以科学家可以借此获知样品中含有哪些元素，以及各种元素的具体含量。

对于企业来说，碳化硅领域的研发难度并不大，因为碳化硅最初设想的应用领域的技术含量相对较低。在用作简单的磨料①时，碳化硅的纯度也无需像广告宣传中宣扬得那样高。从研发到将产品推向市场，整个商业化的过程都不需要很大规模的硬件设施。另一方面，碳纤维目前则还没有形成可供销售的成熟产品，所以要从一个"嗯，这很有趣！"的概念，到实实在在转化为可观的投资回报，亟须大型企业以完善的商业机制向前推进。因此，真正能够充分发挥这种新材料全部潜力的石墨烯产品应该不会出自市井发明家之手。

小型企业最明智的做法是与设备完善的大学或大公司合作。战略合作伙伴关系（尤其是对于不具备教授职务的企业家们而言）不仅可以大大拓展企业的对外交流，为企业赢得意外的收获，还可以充分利用本书上文中提及的各种尖端设备和所需资源。初次创业的人士还能够在企业发展和市场推广方面获得大学技术转化办公室的援助。这种合作关系还能为企业带来另外一项额外的收益，那就是人才。企业可以轻松地吸引来一流的本科生、研究生和博士后，作为未来的人才储备，满足企业发展过程中的人才需求。毫无疑问，这是一种互惠互利的策略！

除了透明胶带法和化学剥离法外，还有哪些方法可以大批量地生产石墨烯呢？有没有什么方法可以帮助我们打印出或者"生长"出石墨烯呢？我们在第 2 章中已经对透明胶带法进行了完整的介绍，现在再来回顾一下：利用胶带可以从石墨表面粘贴－撕扯下一片片石墨，通过反复粘贴－撕扯，就能剥离出一些单层的薄片。这种工艺在过去几年中取得了极大的改进，实际上现在已经开始使用特殊的胶带来进行粘贴－撕扯了。与普通的办公胶带相比，这种新型胶带更易溶于水或者其他溶剂。这使沉积石墨烯薄片的过程变得更加简单便捷。

我们提到的第二种方法——化学剥离法，则可以追溯到 19 世纪末。

---

① 磨料是锐利、坚硬的材料，用以磨削较软的材料表面。

与机械剥离法的发展过程一样，研究人员也在不断为化学剥离法研发新的剥离技巧。总体而言，化学剥离法对石墨的影响较小，因此可以将石墨烯表面的受损程度降到最低。这种方法还有可能可以使用可循环材料，而这对于计划每年大批量生产石墨烯的企业来说至关重要。

还有一些改进措施有效提升了初级单层薄片的产量，这称得上是所有优化举措中最重要的一项。米尔德里德·德雷斯尔豪斯曾利用高定向热解石墨成功开展了与石墨电学特性有关的结构的创新性实验。高定向热解石墨是通过化学气相沉积制备的，这种方法的核心是在高温的熔炉中使烃（如甲烷）发生分解。那么，有什么类似的方法可以帮助我们最终生产出石墨烯，在未来充分发挥这种材料的应用潜力呢？

石墨的生产方法并不都是源于蓄意的研发活动。重大的科学突破同样也是如此。有时，科学家的实验会碰巧撞到正确的研究方向，从而取得新的发现。"在观察实验领域，"路易·巴斯德[①]（Louis Pasteur）在 1854 年说道，"机遇只青睐有准备的头脑。"诺沃肖洛夫和海姆在 2004 年的发现就是如此，同样印证这一点的还有 1896 年的化学家爱德华·艾奇逊。

艾奇逊 16 岁时就已辍学。为了赚钱养家，他离开了学校，在匹兹堡南方铁路公司（Pittsburgh Southern Railroad）打工。然而在好奇心的驱使下，他依旧坚持利用业余时间刻苦自学。通过在晚间不断进行实验，艾奇逊最终发明了一款电池。托马斯·爱迪生后来购买了这款电池的专利权，并聘请艾奇逊前往新泽西州（New Jersey）的门洛帕克[②]（Menlo Park），在自己的研究实验室工作。

1880—1884 年间，艾奇逊一直在爱迪生的实验室工作。在这之后，

---

① 路易·巴斯德（1822—1895），法国微生物学家、生物学家和化学家，倡导疾病的细菌学说，被誉为"微生物学之父"。
② 新泽西州米德尔塞克斯郡（Middlesex County）地名。

他离开了这家实验室，成了一名独立的发明家。有的时候，即使是为最好的企业工作也不如为自己工作。和查尔斯·霍尔一样，艾奇逊也获得了一台可以达到极高温度的熔炉并开始研制高温复合材料，主要目的是制造人工钻石。

在一项实验中，艾奇逊使用电弧炉将黏土加热到了熔融状态，并将其与碳混合。他在反应产物中发现了一种闪亮、坚硬的颗粒物。这种物质就是碳化硅，其硬度与钻石相似。凭借这种工艺，艾奇逊于1893年2月获得了生产碳化硅的专利。由于这种材料的硬度与刚玉（corundum）相似，因此艾奇逊将其称为金刚砂（carborundum）。艾奇逊随后成立了一家名为金刚砂公司（Carborundum Company）的公司，并搬迁到了纽约州的尼亚加拉瀑布城（Niagara Falls），以充分利用那里的水力发电厂。

1900年，公司商业上的成功使艾奇逊受到了考雷斯电气熔炼与铝业公司（Cowles Electric Smelting and Aluminum Company）的关注。这家公司的创始人尤金·考雷斯（Eugene Cowles）和阿尔弗雷德·考雷斯（Alfred Cowles）兄弟认为艾奇逊使用的电弧熔炼法的专利权归他们所有，因此对艾奇逊提起了诉讼。诉讼最终以双方和解告终。和解结果更有利于考雷斯兄弟，但金刚砂公司可以继续生产商用碳化硅，不过需要向考雷斯兄弟的公司支付一笔专利费用。

《美国化学会志》（*Journal of the American Chemical Society*）1900年发表的一封信件涉及了这场纷争。这封信件认为碳化硅的合法发明人应该是考雷斯兄弟，并提到"我（查尔斯·马伯里，Charles Maberry）进一步问他（奥托·穆赫豪森，Otto Mühlhaeuser），作者是否知道考雷斯兄弟的公司早在1885年就在生产这种最近被命名为金刚砂的物质，是否知道全国多座博物馆都收藏有这种材料的样品"。

这封信是对穆赫豪森 1893 年发表的一封信件的回应。穆赫豪森的这封信详细介绍了艾奇逊的生产工艺，并认为艾奇逊是这种生产工艺的唯一发明人。法庭最终宣布，电弧熔炼这种技术的专利权毫无疑问属于考雷斯兄弟，但该项专利权并没有涵盖碳化硅这种特定材料的生产。碳化硅的这种生产方法现在被称为"艾奇逊法"（Acheson Process），以纪念其发明人爱德华·艾奇逊。

尼亚加拉瀑布水电站为艾奇逊提供了充足的电力，使他能够继续努力研究如何制造人工钻石。虽然艾奇逊最终未获成功，但他却取得了一项意料之外的发现。1895 年，当艾奇逊在实验室对碳化硅进行加热时，他意外地制造出了一种人工石墨。艾奇逊于 1896 年为这一技术申请了专利。由于某些生产工艺对石墨的纯度要求较高，而天然开采的石墨无法满足这样的要求，因此相关的客户便开始率先采用这种新材料。艾奇逊的公司还将人工合成的膨胀石墨加入油中，研发出了液态的石墨润滑剂。然而，虽然这种人工石墨找到了一定的独家市场，其生产也受到了专利的保护，但由于制造成本过于昂贵，因此根本无法与天然开采的石墨竞争。

今天，碳化硅已经成了一种重要的磨料，而主流的生产方法仍然是以艾奇逊法为基础的。虽然国际纯粹与应用化学联合会（The International Union of Pure and Applied Chemistry）将艾奇逊石墨认定为是一种人工石墨，但随着人工石墨制造领域不断发现更好的制造方法，艾奇逊石墨已经成了一个过时的名字，现在只会出现在介绍历史流变的文章和书籍中。如今，人们将使用碳化硅制造出的石墨烯称为外延石墨烯（epitaxial graphene）。

通过分解碳化硅来生成石墨烯层的工艺现在已经变得极其复杂。在现在的工艺中，硅在高温下会升华，这一点和传统方法中的情况完全相同，但表层上的气体环境却不一样了。科学家已经不再使用完全开放的气体环境，而是会精细地设定碳化硅表面的气体环境，这种控制能够帮助研究人员以更高的效率生产石墨烯。

2009 年，彼得·萨特（Peter Sutter）博士在《自然－材料学》（*Nature Materials*）杂志发表了一篇社论，介绍了外延生长法的一项最新进展。这种新方法的特别之处是科学家使用惰性气体（不容易发生化学反应的气体）替换掉了碳化硅表面的空气。但自那以后，科学家又将研究重点转回到了易于发生化学反应的气体上。这种策略上的变化始于一种三个德国研究小组发明的新方法。

在这项研究中，科学家将一种由许多芳香环组成的塑料粘贴在碳化硅的表面，他们发现这将显著提升硅升华后产生的单层石墨烯的尺寸和质量。这种新方法的灵感源自一篇更早的论文，这篇论文将化学气相沉积法与外延生长法相结合，提升了石墨烯的产量。研究还发现，出于某些未知的原因，两种工艺结合所制造出的石墨烯的质量似乎也远优于使用单一方法制造出的石墨烯。

如果后续的研究能够证明这种方法是可重复的并且成本较低，那么石墨烯在日常领域的应用将有可能出现飞速增长。不仅如此，这种新方法甚至有可能将天然开采石墨踢出高科技的石墨烯应用领域。而这对于石墨开采公司而言将意味着灾难，因为这些公司已经把自己的未来押注在了向石墨烯消费者出售天然石墨上。这将是一个值得我们密切关注的发展动向。

如果制造石墨烯的原材料是一些昂贵、稀有或者具有特殊价值的材料，那么石墨烯在日常材料中的应用就将会受到限制。这对谁都算不上好事。毕竟，没有什么技术革命的发生是局限于超级富豪阶层内的。因此，我们务必要找到一种方法，使用低廉（甚至免费）的原材料，以可靠的方式制造石墨烯。如果能够用废旧材料制造出石墨烯，那么就可以大幅降低石墨烯的价格，使任何人都用得起它。

如果真有人能发明这样的制造方法，那么发明者将在科学史上拥有与弗里茨·哈伯[①]（Fritz Haber）同等的地位。我们都知道，哈伯因为"用氮气和氢气合成出了氨"而被授予了1918年的诺贝尔化学奖。他先从空气中提取出氮气并利用甲烷气体制备出氢气，然后在高温和高压条件下，用金属作为催化剂，催化两者发生反应，实现合成氨的革命！使用这一化学反应合成出的氨很快被用作化肥，可以说，哈伯的发明实际上解决了全世界人的吃饭问题。

哪一种原材料可以被用作制造石墨烯的碳原料，同时又不会过多地消耗矿物燃料或者天然气这样典型的碳原料呢？当然，一种选择是从空气中收集二氧化碳，然后将二氧化碳还原为碳。这种工艺能耗极大，而且在我们已知的物理定律范围内，任何技术进步都不可能降低这一反应的能量需求。然而二氧化碳容易让我们联想到一种在我们的身边随处可见、数量巨大的碳资源，这种资源不仅自身就拥有获取和充分利用碳的能力，而且在这一过程中无需人类直接输入能量：植物。

植物从大气中吸收太阳能和二氧化碳，在绝大部分区域能够实现自行生长。大型树木可以通过光合作用发挥碳汇[②]（carbon sink）的作用。事实上，每年都会有大量的植物废料产生。如果不被用于制造石墨烯，这些废料也只能在垃圾填埋场中被填埋。在美国东南部地区，野葛和罗汉竹等入侵植物正在猖獗蔓延，并对当地的生态系统产生显著的负面影响，这些植物就可以用作制造石墨烯的碳原料。将入侵植物转化为石墨烯，无疑是令石墨烯和环境双双受益的举措。

---

① 弗里茨·哈伯（1868—1934），德国化学家。
② 碳汇指有机碳吸收超出释放的系统或区域，比如森林。

2011 年，詹姆斯·图尔[①]（James Tour）在与别人的一次打赌中将这个思路发挥到了极致。图尔一直在思考如何利用我们周围环境中的碳这个问题。他还成功地将有机玻璃（聚甲基丙烯酸甲酯，polymethylmethacrylate）转化为了石墨烯，而食用的蔗糖则是他研究的下一个目标。当他使用热解化学气相沉积法将蔗糖在铜箔上成功转化为石墨烯薄片后，图尔的一位同事向图尔发起了挑战：使用六种不同的含碳材料制造出石墨烯，这些材料包括饼干、巧克力、青草、聚苯乙烯（polystyrene）、蟑螂和狗屎。

实验结果之所以让人觉得有趣，是因为本书上文中提到过一个澳大利亚实验室，曾经尝试以大豆油为原料，利用铜箔来制造石墨烯，但他们的实验却以失败告终。使用相同的方法，澳大利亚的科学家的实验失败了，而图尔的实验却成功了，这说明我们对气体分子转变为石墨烯的方式的了解还很有限，还有很大的提升空间。（顺便透露一下，实验用的饼干是女童子军的售卖品，而狗屎则来自一只腊肠犬。）

利用与蔗糖相同的转化方法，以所有非常规的碳源为原料都能制造出高品质、小尺寸的石墨烯薄片。图尔和他的同事们还强调，无需对这些稀奇古怪的原材料进行特殊的处理或者纯化。也就是说，把蟑螂的腿置于铜箔上加热，直接就能制造出石墨烯。就算烤块蛋糕也没有这么简单啊！图尔 2011 年的发现，以及上文中介绍的德国科学家 2016 年发明的将苯环化合物粘贴到碳化硅表面的化学气相沉积-外延生长法，共同为生产大尺寸、低成本、无缺陷的石墨烯样品提供了一条清晰的途径。

石墨烯由纯碳构成，所有碳原子呈单层六边形结构。关于石墨烯

[①] 根据能够查到的资料，詹姆斯·图尔是美国莱斯大学的一名有机化学家，该校化学、材料科学与纳米工程，以及计算机科学三科教授。

的结构，本书上文已经介绍过不止一次。但这一点确实值得我们不断重复和强调。因为一旦这种结构发生任何改变，就意味着最终生成的化学物质从专业角度讲已经不再是石墨烯，而只是石墨烯的衍生物。对于外行人来说，这种区别可能是抽象、微小或者无关紧要的，但这种差别却最终决定着产品的成败。

在制造工艺的难度上，这种差异也意味着巨大的差别。石墨烯与氧化石墨烯的化学特性存在着巨大的差异，两者与掺锂石墨烯（lithium-doped graphene）也大不相同。让我们以两家不同公司生产的膨胀石墨样本为例，看看两者间的差异。

第一家公司制备工艺的条件可能比较严苛，所以剥离后的薄片上会带有一些氧原子或者羟基。而第二家公司制备工艺的条件可能更温和一些，因此产品保留了纯碳结构，而且薄片上也没有任何孔洞或者裂痕。哪一家的样品更好呢？你又如何区分这两种样品呢？两家公司都会给产品贴上"石墨烯"的标签，产品的定价也都会很高。

从产品配方上你没法看出两者有什么差别，因此你也只能选择便宜的那一款，对吧？事实可并非如此。在那些使用了石墨烯的设备中，石墨烯的来源和制备方法对石墨烯的性能有着巨大的影响，而这显然会影响到设备的性能。在第2章中，我们介绍过天然石墨的结晶度不够高，这导致米尔德里德·德雷斯尔豪斯无法确定石墨的能带结构。同样，带有过多缺陷的"天然"石墨烯会降低那些对石墨烯纯度较敏感的应用的性能。使用这类石墨烯的设备可能根本就无法正常工作，或者性能不及预期。

石墨烯目前还没有行业生产标准，有的公司也无意参与制定这样的标准。这里所说的生产标准可以有多种形式，并不一定意味着法律法规。制定法规显然是一种极端举措，而且美国公司制定的标准在其他国家也难以推行。由于石墨烯的研发可能涉及广泛的国际合作，因此如果各国分别制定自己的法规，石墨烯的研发将会受到巨大的阻碍。谁也不希望出现这种情况。

　　然而在这种"游戏规则"之下，现在市面上被标为"石墨烯"的产品实际上大多数并不是石墨烯。它们只不过是石墨薄片，厚度可以多达数百层。在有一些制造商的产品中，单层石墨烯的含量会比较高。这些企业会很乐于告诉你，在他们的产品中，单层石墨烯的含量可以超过某个比例，而产品的其他部分则是厚度在 2～10 层的石墨薄片。如果你的应用需要采用货真价实的石墨烯，一个可行的办法是向你的供货商询问产品的具体厚度，之后便是非常重要的一步：将产品的样品交给一家独立实验室进行检测，并与供货商提供的信息进行比较，以确定产品的可信度。

　　关于石墨烯的标准，理想的情况是标准应该根据一系列参数对石墨烯进行分级，这些参数至少需要包括单层薄片的含量、薄片的尺寸，以及样品所含元素的分析结果。这样，生产商就能用石墨烯产品的质量来解释其生产成本，而不是用厨房搅拌机搅碎一些石墨粉，然后以高价销售，一经出售，概不退换。

　　如果生产商销售的是高比表面积①（high-surface-area）的外延生长石墨烯，并且能为客户提供可重复或者可验证的分析证明，那么你为这种产品支付较高的价格就是合情合理的。那么，用搅拌机搅碎的石墨就一定比高纯度的化学气相沉积法或者外延生长法制造出的石墨烯差吗？这个问题就要由负责应用项目的工程师来判定了。重要的是，发明家们应该认识到，在产品的配方中加入石墨烯或者石墨，并不一定会使产品拥有石墨烯所具有的特性。尽管石墨烯常常被吹捧为一种

----
① 比表面积是指多孔固体物质单位质量所具有的表面积。

神奇材料，但我们不能把它当作现代炼金术中的神奇药剂。添加石墨烯的混合物或者复合材料要复杂得多，它们需要谨慎对待。

在未来的十年中，通过添加石墨烯来提高性能的产品的数量将会激增。然而在当下，我们还处在这类产品市场验证的初级阶段。尽管仍处于初级阶段，但我们还是很幸运了。美国石墨烯协会（National Graphene Association）的执行理事吉娜·贾拉希·辛克（Zina Jarrahi Cinker）表示，在石墨烯技术发展成熟前，石墨烯产业就险些终结了。其中一部分原因是关于石墨烯的研究在 2010 年获得了诺贝尔奖，这在社会各界中激发起了超乎寻常的热情，过分吹嘘石墨烯的媒体文章又将人们对石墨烯的预期助推到了不切实际的高度。

投资者争先恐后地向初创公司注资，但悬浮滑板和飞行汽车却均未能如愿实现。许多风险投资机构因此损失惨重。伴随着一系列劳而无功的研发项目，就连美国政府也缩减了对小企业创新研究和技术转让（Small Business Innovation Research/ Small Business Technology Transfer, SBIR/STTR）的资助。对石墨烯的投资并不只限于美国、英国和新加坡，也开始在全球蔓延。世界各地不断有合资企业成立，而各种投资基金也丝毫不受国界的限制。作为国际合作的一个标志性案例，位于英国曼彻斯特的英国石墨烯研究所（National Graphene Institute）与中国的华为公司签署了合作协议。

市场对石墨烯的热情为相关研究带来了大笔资金，同时也为研究结果转化为产品提供了必要条件。但并非所有热情都对石墨烯产业的发展有利。在大众媒体中，有关石墨烯的大部分文章都将关注点集中到了这种"未来材料"令人惊奇的一面上，因此自然带动了人们对研究进展的激情与厚望。然而，真正的学术研究却很少获得应有的关注，偶尔有研究成果受到大众媒体的热炒，也是因为文章取了一个博人眼球的标题，并对研究成果进行了夸大报道。

企业家们雄心勃勃，一心想要达到甚至超越这种热情的期盼，以换取更多的投资。这种热切的愿望非常正常，也完全可以理解，但要想创建一种可持续的商业模式，头脑必须要现实。对于一个创业团队来说，在向投资者递交商业计划书时，适度保守一些是比较明智的做法。此外，创业团队不仅自己要清楚不同等级的石墨烯间有何种差异，同时还要将这些基础知识传达给投资者。只有这样，各方对石墨烯的预期才会保持在适度的水平。

任何产品的开发过程都不是一蹴而就的，认为石墨烯在这一点上会与众不同就未免太天真了。有一项技术在近期才迈入商业成熟期，这个产业的发展路径可以供石墨烯领域的新兴公司借鉴，以求获得财务上的成功。1907 年，工程师亨利·J. 朗德①（Henry J. Round）偶然间发明了发光二极管（Light Emitting Diode，LED），但他当时可能想不出这种装置能有什么应用。在使用金刚砂样品进行实验时，朗德发现样品放出了黄色的光芒，但发光的原因并不是样品的温度过高。

一百年后，相关公司才开始发售第一款民用的 LED 灯。令人遗憾的是，现在回过头来看，第一批 LED 灯的效果并不是很好。虽然这些灯的温度比白炽灯灯泡的温度低得多，广告中宣传的使用寿命也要比节能型的日光灯更长，但对灯光的颜色和强度却难以控制。那个时候，谁知道在床边读一本书或者照亮感恩节晚餐的餐桌到底需要多少流明（光强单位）？起初，人们对光强的单位没有概念。不过这还不是关键，最重要的是，早期的 LED 灯非常昂贵，每个售价超过 30 美元。产品包装上只好宣称，这些灯在寿命期内可以节约的电费是灯售价的 17 倍。

---

① 亨利·J. 朗德（1881—1966），英国工程师、无线电技术先驱。

但这种灯真如广告所说，使用寿命可以长达 25 年吗？这显然是对一项尚未充分证实的技术做出的重大承诺。别忘了，当朗德第一次观察"电致发光实验"[①]（electroluminescence experiment）时，白炽灯早已照亮了千家万户。不过这次市场极为幸运。有相当多的消费者购买价格昂贵的首批 LED 灯，这推动了商家间的激烈竞争，市场上生产出的灯的质量也越来越好。这些 LED 灯不仅更加节能，而且单价也开始直线下降。虽然 LED 灯的售价现在仍然比白炽灯高，但通过节能，这些灯收回多出的购买成本所需的时间要比以前短得多了。

因此，随着时间的推移，市场不断成熟，消费者获得的收益也越来越大。在将产品推向市场之前，有必要使市场对石墨烯建立起更加深入的了解，这将有助于缩减公司研发的投资成本，消费者的成本也将随之降低。

LED 灯的推广过程也是一个经典范例，可以从中看出竞争对手间是如何围绕共同的价值观，携手创建一个标准化的平台，使消费者可以做出更加明智的选择。将流明输出量印在装灯泡的盒子上显然是书呆子做的事。这种做法对一个新的用户群体来说毫无意义，因为如果没有熟悉的对应物，消费者就无法进行比较。

与 LED 灯不同，白炽灯选用了能耗来表征灯泡的光输出量。买过灯泡的人大概都知道 60 瓦的灯泡有多亮。但问题是 LED 灯的能效更高。如果采用消费者熟知的能耗单位，在市场上销售 5 瓦的 LED 灯，那么结果无疑将是灾难性的。因此，LED 灯的制造商采取了一种十分有趣的临时性折中方案——在 LED 灯的宣传文案中采用"瓦特当量"（watt-equivalent）的概念。一个 60 瓦特当量的 LED 灯和一个 60 瓦的白炽灯灯泡亮度相当，但实际的用电量却小得多。

[①] 电致发光是材料在电流或电场激发下发光的现象。

如今，随着消费者对 LED 灯技术越来越熟悉，制造商和零售商已经开始教育消费者，帮助他们适应流明和瓦特当量两种单位的表达方式。这种做法释放出的信号十分明确，零售商最终还是希望逐步淘汰瓦特当量的表述方式，转而全面以流明为单位。

石墨烯的产业标准也应该采用类似的方式来达成。制造商们需要共同努力，争取达成一种对业内所有参与者，或者至少是绝大多数参与者而言，公平而且有利可图的行业共识。吉娜·辛克以及美国石墨烯协会目前正在携手业内的龙头企业和非政府组织，努力将这一框架付诸实施。希望市场能够再现另一个成功的案例。

如果成功的话，针对石墨烯生产方法的研究将得以继续。相信当石墨烯纳米片（graphene nanoplatelet）的生产在工业上成熟时，第一片大尺度的（尺寸大于 1 平方厘米）纯石墨烯薄片也将瓜熟蒂落。石墨烯纳米片固然很了不起，但在大尺寸应用领域，石墨烯还有许多创新空间。

如何解决存储的难题？

石墨烯又薄又轻，如何储存这种材料，以备日后使用仍是一个尚未解决的问题。对于一种只有单层原子厚度的材料来说，哪怕是最轻微的扰动也有可能会使石墨烯薄片发生变化，从根本上改变它的性质，甚至可能使其变得毫无用处。为了便于运输，石墨烯薄片通常被储存在水或者磨料溶剂（abrasive solvent）中，因此在使用前需要采取一系列复杂的准备步骤。

从大块石墨上剥离石墨烯薄片是一个将其从自然环境中剥离的过程，在这个过程中薄片会发生扭曲，因此从自然的原材料剥离而来的石墨烯薄片形状不够齐整，也不会呈现出特定的模式。虽然产自某些地方的石墨确实比产自另一些地方的石墨形成的薄片平均尺寸更大，但要想生产出有用的产品，任何工业原料都需要达到严格的质量控制标准。

在基于石墨烯的半导体领域尤其如此，因为科学家发现，薄片的宽度会对半导体的电子学性能产生重大影响。导体、半导体和绝缘体三者的区分标准是在存在（或者不存在）外力驱动的情况下，它们中的电子的移动能力。在金属等导体中，能量最低的能带（价带，valence band）与电子能够自由移动的较高能带（导带，conduction band）之间的能量差①（如果有的话）非常小，小到可以忽略的程度。因此无需提供能量，电子就能自由地移动。

在半导体中，价带与导带之间存在一个虽然小但却很关键的带隙。这个带隙意味着只有通过热、光子②或者电压输入能量，电子才能自由地移动。由于这个带隙，半导体材料存在两种状态：在没有受到外界施加的影响③时处于"关闭"状态，而在受到外界施加的影响时，则会转换至"开启"状态。在"开启"状态下，半导体中的电子能够自由地移动。绝缘体在价带和导带之间有一个很大的带隙，这意味着无论外界施加多少能量，都不可能产生电流。

科学家发现，如果你有一张比较长的石墨烯，但它的宽度非常窄，那么这张石墨烯的性能会和其他石墨烯有所不同。他们的研究表明，在最高的电子能级和空能级（vacant energy level）之间有一个极微小的带隙。而电子只有跃迁到空能级内才能自由移动。随着石墨烯材料变得更接近分子尺度，这个带隙会愈加明显，电子带也变得更接近于离散的电子层。

---

① 这个能量差被称为带隙或者能隙。
② 光子也就是光。
③ 指上文中提到的热、光、电压等。

当带隙微小到近乎不存在时,石墨烯就会表现出其典型的特征——石墨烯薄片将拥有类似金属的导电性能,电子可以在薄片内自由地移动。在这种情况下,石墨烯不存在"开启"和"关闭"两种状态,因而被认为是纯导体。然而,随着带隙的增大,"开启"和"关闭"这两种状态也随之产生,这使石墨烯成了一个有效的逻辑单元(logic unit)。逻辑单元是计算机的工作基础,而使用石墨烯作为逻辑单元可以更加节能。这不仅能有效地延长手机的续航时间,当你将笔记本电脑放在腿上时也不会觉得烫。

美国航空航天局目前正在研究如何将国际空间站(International Space Station)内宇航员产生的二氧化碳转化为石墨烯。如果能够成功,这将对空间站的生命保障系统(life-support system)带来两方面的好处。一方面,二氧化碳这样的废物如果无法变废为宝,就需要利用特殊的化学品进行固存①(sequestration),而这些化学品都需要从地球专门运送到空间站。如果能够将二氧化碳加工成石墨烯,就意味着可以减少空间站的补给运输任务,从而降低空间站的维护成本。

将二氧化碳转化为石墨烯还有另一个好处:可以将生成的石墨烯集成到新的太阳能电池上,或者应用于净水系统中(当然还有其他很多可能的应用领域),而无需将其排出密封舱。这一应用将有助于减弱国际空间站对地球的依赖。如果我们计划把人类送往太阳系的其他行星或者更远的地方,我们必须要彻底切断这种依赖。

幸运的是,这项研究还将同时造福于宇航员以外的其他人,因为这种技术也可以从大气中固存二氧化碳,并将其转化为石墨烯,在有机电子器件以及许多其他产品中使用。虽然目前在地球上将二氧化碳转化为石墨烯既不划算,也不节能,但将石墨烯集成到太阳能电池上,

①指将空气中的二氧化碳捕获并长期储存起来。

进而为国际空间站提供充足的电力满足需求，将有助于推动研发用二氧化碳来制备氧气的技术。

在未来，企业将有可能可以从大气中直接"开采"各种反应过程产生的二氧化碳，并将这种废气用作生产其他产品的原材料。每个徒步旅行者和探险家都会牢记"不要浪费，用作储备"（waste not，want not）的原则，这其中蕴含的道理是，如果能够设计出一种可以重复利用的系统，那么一项任务（无论是在地球上还是在太空中）成功完成的概率就会增大，环境受到的影响也会被降到最低。在地球上，拥有冗余的资源只不过算是一件好事，但在外太空中，宇航员必须要有冗余的后备资源。

当然，这并不是什么新理念。将一项生产流程产生的废物转化为另一项生产流程中的原材料，这种做法彻底改变了人们对废弃物的认识。这种可持续再生的循环利用是威廉·麦克唐纳[1]（William McDonough）和迈克尔·布朗加特[2]（Michael Braungart）"从摇篮到摇篮"[3]（Cradle to Cradle）理念的理论基石。企业不仅可以从原本需要额外花钱处理掉的东西中获利，如果外界发现企业甚至能够利用废弃物为消费者造福，那么必然会大大改善企业自身的形象。

细胞之敌：有毒的新材料

然而，在工业上批量使用石墨烯是否存在某些潜在危害呢？石墨烯真的就完全没有任何潜在的危险性吗？

---

[1] 威廉·麦克唐纳（1951— ），美国设计师、建筑师。
[2] 迈克尔·布朗加特（1958— ），德国化学家。
[3] 麦克唐纳和布朗加特合著有《从摇篮到摇篮：循环经济设计之探索》（*Cradle to Cradle: Remaking the Way We Make Things*）。在这本书中，两位作者通过描述樱桃的生长模式，阐述了他们的可持续发展模式。他们认为樱桃树从它周围的土壤中吸取养分，使自己花果丰硕，但并不会耗竭周围的环境资源，而是会用它撒落在地上的花果滋养周围的事物。这不是一种单向的从生长到消亡的线性发展模式，而是一种"从摇篮到摇篮"的循环发展模式。

尽管石墨烯革命带来了令人惊叹的美好前景，但我们对石墨烯的毒副作用或者危险性仍然知之甚少，这一点不免令人担忧。物理学家和化学家虽然已经能够对石墨烯进行极为彻底的加工和处理，但有关石墨烯的医学研究仍然相当匮乏。如果大批量生产石墨烯，这些石墨烯将对我们的身体、环境或者其他生物产生何种影响？关于这个问题，我们目前仍然毫无概念。

2016 年，欧玲玲[1]（Lingling Ou）等研究人员发表了一篇综述，总结了石墨烯的医学毒理学研究现状。结论中最令人痛心的一句话是"诸多实验表明，在许多生物应用领域中，石墨烯家族纳米颗粒（graphene-family nanoparticles，GFNs）都具有毒副作用，但目前仍迫切需要对其毒性机制进行深入研究"。在对使用不同细胞培养系（cell culture line）开展的研究（目的是确定石墨烯的毒性对人体各部位的影响）进行探讨时，这一观点贯穿始终。

综述的作者总结称，纳米尺度的石墨烯和石墨烯相关薄片（如氧化石墨烯）对健康的影响足以令人担忧，但由于目前的研究尚不成熟，因此还无法搞清楚这些颗粒是如何影响细胞的。任何有抱负的青年科学家都会在这一领域发现大量的机遇，并开拓出属于自己的研究课题。

由于目前可供研究的石墨烯薄片的尺度仅为几纳米至几微米，因此目前对石墨烯毒性的研究也只能局限在这一尺寸的石墨烯和氧化石墨烯薄片上。然而，细胞和病毒的尺度也在这一范围内，因此目前至关重要的是，搞清楚当石墨烯被加入日用品中时，会对生命体产生何种影响。假如添加了石墨烯的消费品能够为消费者带来巨大的便利，这固然是一件好事，但如果发现这些产品会产生对人体有害，甚至致命的毒副作用，那将会是一种巨大的悲剧。对于绝大多数生物而言，

[1] 音译。根据能够查到的资料，这名研究人员当时所在的机构是中国暨南大学附属第一医院。

石墨烯都不是天然物质。

一些有限的早期证据表明，纯石墨烯可能对细胞有害。细胞是由脂质膜①包裹的球体，细胞内是一些各司其职的更小的细胞机器②。脂质膜上还有许多蛋白质，正是这些蛋白质促成了细胞内外营养物质和废物的交换。由于蛋白质的正常功能直接依赖其三维结构，因此蛋白质要正常执行其功能，任何物质都不能扰乱其折叠和展开的方式③，这一点极为重要。

蛋白质要形成正常的三维结构，有赖于蛋白质中原子之间的相互作用，这种相互作用并不是直接通过共享电子形成的共价键。相反，蛋白质分子中原子的空间排布会导致偶极（dipole）的产生，从而形成强度中等的电场，这将使蛋白质的氨基酸链发生扭曲和折叠，形成蛋白质特有的三维结构。由于这种偶极力的形成和打破都相对容易，因此蛋白质对可以引发这种相互作用的其他分子格外敏感。石墨烯和氧化石墨烯就能与蛋白质发生这种相互作用。石墨烯薄片的柔性使它们能够随意扭曲，从而与蛋白质的表面相匹配。一旦发生这种情况，蛋白质就很有可能会解体或者出现功能异常。

当石墨烯与蛋白质发生这种相互作用时最有可能出现的情况是，蛋白质中被石墨烯破坏的部分会粘连到石墨烯薄片的表面。这将会干扰蛋白质在正常情况下的其他相互作用，使蛋白质的结构出现异常，从而无法执行其功能。生物学家和生物化学家将这种变化称为变性（denature）。当一种蛋白质不能执行其功能时，细胞内就会出现各种各样的问题。细胞需要呼吸并在内部结构间运送各种分子，与此同时，

---

① 脂质膜也就是细胞膜。
② 细胞机器被称为细胞器。
③ 蛋白质的三维结构是蛋白质的氨基酸链折叠形成的，在执行其功能时（比如与其他分子结合时），蛋白质的三维结构会发生某些变化，比如解开或者部分解开折叠。

它们还需要摄入营养，排出废物。在正常情况下，所有这些任务都能高效地进行，因为各种不同的分子能够很好地各司其职。

如果石墨烯这样的外源物质进入了细胞，细胞将无法处理这样的物质，这会给细胞带来很大的麻烦。石墨烯侵入细胞可能引发的一种反应是细胞凋亡[1]（apoptosis），这是细胞内线粒体受到的应激压力（stress）过大的结果。这种应激压力会引发一系列的连锁反应，直至细胞破裂，细胞的内含物泄漏到周围的环境中。这种现象就像是细胞发生了超新星爆发一样。但问题是，这种细胞的毁灭不但对石墨烯薄片起不到任何破坏作用，反而把石墨烯重新释放到了周围的环境中，从而对其他细胞产生了威胁。

石墨烯不仅会对蛋白质产生危害，同时还会危害细胞内的 DNA 和 RNA。由于石墨烯只有一个原子那么厚，因此它可以滑入核酸堆叠的碱基对[2]中，破坏 DNA 的螺旋结构。我们已经在苯和其他芳香烃中见到过类似的效应，这也是多环芳烃（可以看作是极小的石墨烯家族分子）存在毒性的根本原因。石墨烯嵌入 DNA 可能会导致转录[3]（transcription）出现错误，使细胞发生突变[4]。

这样看来，石墨烯革命也许会催生出 X 战警（X-Men）。这听起来可能十分炫酷，但其实这更像是科幻小说，科学可行性并不高。对不住了，斯坦·李[5]（Stan Lee），但我不得不说，绝大多数突变都不太可能带来好处，甚至多半都是有害的。

---

[1] 细胞主动实施的一种程序性死亡，一般由某些生理性或者病理性因素引起，可以通俗地理解为出于"顾全大局"的原因，细胞进行的"自杀"。

[2] 这里指的是 DNA 的碱基对。DNA 由两条互补的脱氧核苷酸链构成，每个脱氧核苷酸含有一个碱基，碱基按照一定的规则互补配对。

[3] 遗传信息由 DNA 复制到 RNA 的过程。

[4] 从接下来的文字看，作者这里的陈述有误。作者希望表达的是石墨烯嵌入 DNA 可能会导致细胞的 DNA 发生突变，但实际上这种突变是在 DNA 的复制过程中发生的，而不是转录。

[5] 斯坦·李（1922—2018），美国漫画家，作品包括《X 战警》《蜘蛛侠》《钢铁侠》等。

幸运的是，人类（实际上所有"高级"①的生物也是如此）的细胞拥有一个细胞核（nucleus），能够容纳我们的基因，并使其免受各种有害物质的伤害。石墨烯虽然具有穿过细胞核屏障②的潜力，但这种能力很大程度上取决于我们所探讨的石墨烯系统。与细菌（没有细胞核）相比，细胞核的存在对于复杂的多细胞生物（包括人类）而言是有益处的。但在细胞进行分裂时，我们的DNA仍然容易受到损伤。

在细胞开始进行有丝分裂③（mitosis）时，核膜会消失，染色体④（chromosome）也随之暴露在了细胞的整个内环境中。如果细胞内存在石墨烯薄片，这些薄片就可以插入到基因中，引发的突变也将被传递给下一代细胞。一项在小鼠模型上开展的研究表明，注射到血液中的石墨烯有很强的致突变能力，是用作参照的致突变药物环磷酰胺（cyclophosphamide）能力的两倍以上。由于两者的化学性质存在差异，因此石墨烯和氧化石墨烯穿过细胞膜的速度有所不同，而这导致两者对细胞的毒性并不相同。

也就是说，石墨烯之所以对细胞存在毒性，主要是因为石墨烯薄片能够穿过细胞膜进入细胞内。目前，对于石墨烯是如何影响细胞内的各种细胞器（organelle）的，以及细胞死亡的每一个步骤中究竟发生了什么，科学家还需深入研究。有关石墨烯毒性的研究表明，这种毒性肯定会引起体内的并发症。然而，对于体内究竟发生了什么，以及为什么会产生并发症，我们的理解还很粗浅。没有人希望很草率地将这种新材料在世界范围内推广，随后却发现这种材料是一种毒性持久的毒素或者污染物。

---

① 作者这里指的是真核生物，与细菌等原核生物相对。
② 细胞核屏障指包裹细胞核的核膜。
③ 细胞的一种分裂方式，与母细胞相比，分裂产生的子细胞的染色体数量保持不变。
④ DNA（结合了一些蛋白质）在细胞分裂期时的存在形式。

纳米尺度的石墨烯薄片的毒性目前还不至于引发过度的担忧。我们的踌躇更多是因为关于纳米级的石墨烯对人体的作用，我们目前了解得还不够清楚。然而，大尺寸的石墨烯薄片呢？当企业能够制造出可以用手直接拿取并使用的大尺寸石墨烯时，我们是否需要对这些大尺寸的石墨烯薄片可能的危害感到担忧呢？请注意，下文中这个问题的答案只是出自两位作者的推测。这个问题目前在医学领域尚未得到解决。

　　由于大尺度的石墨烯薄片无法进入细胞，因此对于这些石墨烯，我们暂时无需担忧小尺度石墨烯表现出的诸多毒性。但细胞面临的威胁不会仅仅因为石墨烯薄片比细胞体积大，就彻底消失。相反，当暴露在这种石墨烯下时，一整群细胞可能会同时面临威胁，皮肤、肺脏、血液或者其他组织细胞将受到一系列破坏。如果空气受到了石墨烯污染，在它被吸入人体后，这些石墨烯就有可能滞留在肺脏中，使气流难于进入肺脏的部分区域。这就是石墨烯薄片过薄过软可能产生的危害：这种仅有一个原子那么厚的材料体积极小，能够进入并阻塞极其狭小的空间。

　　另一种可能性是石墨烯薄片的聚集会造成毛细血管、静脉或者动脉的堵塞。当血液无法流动时，人体组织就会死亡。细胞表面也存在蛋白质和其他细胞器[①]，和小尺度的石墨烯薄片一样，较大尺度的石墨烯薄片也能与细胞表面的这些蛋白质结合。以钠离子的转运蛋白[②]（transport protein）为例，如果这种蛋白质受到了石墨烯的不良影响，那么细胞就将无法调控进出细胞的钠离子的量，从而导致危险的电解质紊乱（electrolyte imbalance）。如果负责信号识别的蛋白质[③]受到

---

① 关于细胞器，生物学领域较为严格的定义是由脂质膜包裹并执行特定功能的结构（如本书上文中介绍过的线粒体），但现在一种更宽松的定义还包括一些生物大分子（如细胞骨架）。从下文来看，作者这里指的可能是这类分子。
② 转运蛋白指细胞膜上负责将某种物质转运入或者转运出细胞的蛋白质。
③ 与某些信号分子结合的蛋白质，在结合了这些信号分子后，会将信息传递给细胞内的其他下游分子。

影响，那么细胞就会"变瞎"，无法识别周围环境中的信息。最后这种情况对免疫系统的危害尤其大，因为白细胞只有在识别出病原体的前提下，才有可能杀死它们。

虽然存在上述种种担忧（尤其是对已知信息非常有限的担忧），研究人员已经取得了一些颇具前景的早期研究成果。2013 年，亚历山大·斯塔尔[①]（Alexander Star）教授与其他科学家共同发表了一篇综述，总结了碳纳米管在体内降解的研究领域的最新进展。

虽然本书上文中已经介绍过，碳纳米管与石墨烯的电子学性质和物理性质都存在差异，但就科学可能性而言，碳纳米管和"分子内"的石墨烯[②]完全可能以相似的方式降解。如果碳纳米管或者富勒烯被化学反应分解成了不同的碎片，由于这些碎片的边缘化学稳定性不强，因此就会特别容易受到进一步的影响。

这有点像科幻小说中星际飞船的防护盾。面对小行星撞击和被超级武器击中引起的非常高能的损伤，这些飞船很脆弱，但防护盾能使飞船屏蔽传统激光武器的攻击。如果你破坏了形成防护盾的装置（通过暴露出装置材料中不稳定的悬键），那么整艘飞船将会变得更加脆弱，各式各样的破坏都可能将飞船彻底摧毁。

不知道你还记不记得，我们曾经介绍过，石墨烯薄片的边缘要比其中间区域更加不稳定，这意味着石墨烯薄片的边缘比中间区域更容易被化学修饰[③]（chemical modification）。不过，这并不是说石墨烯薄片的中心或者非边缘位置的碳原子就不能被化学修饰。比如通过在石墨烯薄片的碳原子上添加氧原子，就能产生氧化石墨烯，而氧化石墨烯会在细胞内引发不同的反应。

---

① 根据能够查到的资料，这名科学家就职于美国匹兹堡大学（University of Pittsburgh）化学系。
② 作者这里的意思似乎是单独看管状的碳纳米管和球状的富勒烯中的一部分。
③ 化学修饰是化学反应的一种类型。以某一种化合物作为基础，保持其基本的结构，改变分子的某些部分。

在过氧物酶（peroxidase）的辅助下，过氧化氢（hydrogen peroxide）会对石墨烯和其他碳纳米材料发起攻击[1]。许多生命系统中都有过氧物酶，这种酶能够帮助细胞降解细胞内的有害化学物质，方法就是催化过氧化氢对此类化学物质发起攻击[2]。辣根[3]（horseradish）看起来很不起眼，也没有多少人觉得它的根有非常大的价值。辣根中含有辣根过氧化物酶（horseradish peroxidase），这种酶能够攻击和降解很多有机化合物。实际上，辣根过氧物酶已经在废水处理厂中得到了广泛应用，被用于处理城市供水系统中的有害化学物质。

历史上，辣根曾被用作一种简单易行的质量控制方法。法国药剂师路易-安托万·普朗什[4]（Louis-Antoine Planche）发现，当将新鲜的辣根放入愈创树[5]（guaiacum tree）树脂的溶液中后，辣根很快就会变成蓝色。普朗什当时需要进口一种叫作泻根脂（jalap resin）的药物，但有不良商家向泻根脂中掺愈创树的树脂，因此他在寻找能够检测掺假的方法。利用辣根的这种变色反应，普朗什可以识别出被不良商家以次充好的泻根脂。不过那时的普朗什并不知道，帮助他辨识出掺假药物的，是辣根中的过氧物酶。

有趣的是，愈创树树脂中的变色剂最终被用作一种临床诊断工具，用于检测粪便样本中痕迹量的便血。血液中同样含有过氧物酶，这些酶能够氧化试纸上无色的酸，从而产生亮蓝色的化合物，反应的原理和普朗什使用辣根进行的反应完全一样。

由于辣根的产量非常多，而且科学家也已经完全搞清楚了辣根过氧

---

[1] 实际上就是和这些材料发生化学反应。

[2] 过氧化氢对细胞也有毒性，在这一反应中，过氧化氢会转化为水，因此这种反应能够一举两得消除两方面的毒性。

[3] 辣根是原产于东南欧的一种植物，被用作菜肴的佐料和填料。

[4] 路易-安托万·普朗什（1774—1840），法国药剂师，对大量植物中的活性成分进行了研究。

[5] 愈创树是产于美洲热带和亚热带地区的植物。

化物酶催化反应的生化原理，因此这种酶目前已经成了相关领域科学家的标配试剂，被用于测试各种不同类型的纳米颗粒在体外的生物降解能力。在他的综述中，斯塔尔指出，只有那些分子上存在缺陷的碳纳米管才会被辣根过氧化物酶降解，那些不存在缺陷的碳纳米管则不会。

在展开任何攻击前，势必要先使对方的防护盾失效。随着越来越多的应用，石墨烯和其他纳米材料终有一天会出现在我们的饮用水、我们的花园，甚至我们的食物中，而辣根过氧化物酶在调控这些材料的分解方面将发挥非常重要的作用。

现在让我们回到身体应对石墨烯和碳纳米管的能力这个话题上。我们的第一道防线也是机体用来防御细菌入侵的防线。毫无疑问，随着血液循环的白细胞最终会与石墨烯薄片相遇，因此搞清楚这些细胞是否能够应对以及如何应对（如果能够应对的话）石墨烯的潜在威胁就极其重要。

斯塔尔和他的同事发现，一种叫作人髓过氧化物酶（human myeloperoxidase，hMPO）的酶也能在体外降解碳纳米管。在发现细菌后，白细胞就会释放这种人髓过氧化物酶。这种酶随后会破坏细菌的细胞壁并将其杀死。斯塔尔的理论认为，人髓过氧化物酶能够产生一种酸，这种酸会使碳纳米管的管壁上出现缺陷。也就是说防护盾上出现了第一道裂缝，碳纳米管随后也就会被降解。虽然碳纳米管被降解后只会产生石墨烯或者氧化石墨烯薄片，但如果纳米材料制造商们希望参与到环境保护事务中来，那么这就是他们需要负责的一系列监管工作中的一环。

我们必须搞清楚纳米材料和人体间会发生怎样的相互作用，从而探索出充分利用其有益特性的最佳方式，同时避免意外遭受顽固毒素的侵害。以氧化石墨烯为例，它和分子中存在缺陷的碳纳米管一样，也是可以被生物降解的，因此要想石墨烯产品不会对人体产生危害，也许需要将纯石墨烯先氧化成氧化石墨烯。

在我们有能力根据尺寸需求来调整或者生产石墨烯薄片后，我们必须回过头来审视碳纳米管领域的研究。在他的综述中，斯塔尔写道："长的碳纤维以及碳纳米管的大量聚合物难以被细胞吸收，通常会诱发与石棉引发的疾病类似的症状。"医学研究人员往往意识不到，对于一种拥有巨大应用前景的新材料而言，如果在大众中引发类似于石棉引发的恐惧，那将意味着怎样的灾难。

如果我们的淋巴系统无法有效处置石墨烯纳米带、碳晶须和碳纤维形成的缠结，我们的身体便会深受其害。在以前，石棉矿工会患上石棉肺，在未来，我们不能再让矿工患上石墨烯肝[1]（Graphene Liver）。未来工厂的工人们不应该再担忧所从事的工作会毁掉自己的身体。

作为曼彻斯特大学 Graphene NOWNANO[2]研究项目的一个重要组成部分，科斯塔斯·科斯塔罗斯（Kostas Kostarelos）、西里尔·布希（Cyrill Bussy）和莎拉·海伊（Sarah Haigh）三位博士正在开展跨部门、跨学科的合作，致力于研究石墨烯及其相关物质在体内的生物降解机制。三位科学家指出，之所以研究石墨烯相关材料，是因为如果要将石墨烯用于不同的生物应用中，还需要向石墨烯的碳原子上添加其他分子，使其拥有新的功能。

正如我们在本章所强调的那样，在加入此类添加剂之后，石墨烯就不能被认为是纯石墨烯了。就技术层面而言，将化学修饰后的石墨烯称为石墨烯也是不正确的，而且这还容易误导人。我们都知道，技术层面的正确才是最准确的正确。

如果癌细胞中存在（但在健康的细胞中不存在）的某一种酶或者

---

[1] 虽然"石棉肺"这个词的中心词是"肺"，但在医学上，"石棉肺"也被用于指代由于长期吸入石棉粉尘引发的疾病。参考这种表述方式，中文版将"Graphene Liver"译作"石墨烯肝"。
[2] 如果直译的话，意思是"当前的纳米石墨烯"。

其他机制能够导致石墨烯产生初始的缺陷，从而引发连锁反应，那该怎么办？如果癌细胞的细胞内会发生一种正常细胞内不会发生的反应，那么化疗药物就可以精准地打击癌细胞，同时确保不对健康的细胞造成损害。

化疗药物可以用碳纳米管包裹起来，然后通过静脉注射的方式注入病人体内。正常细胞不会大量摄取（或者说吸收）碳纳米管。即使正常的细胞吸收了这些碳纳米管，细胞也不会破坏碳纳米管的壁。等到细胞凋亡之后，这种药物就又可以通过血液循环在身体各处传递了。只有在这种系统遇到癌细胞时，才会被吸收、氧化并降解，从而释放出药物，杀死癌细胞。在这种情况下，药物中的富勒烯成分和石墨烯薄片应该都已经被局部环境中的相关分子氧化了，这也就意味着任何扩散到周围组织的物质，人体的正常机制都能够应对。

改造人的未来不是梦

石墨烯彻底颠覆无数行业发展进程的巨大潜力，目前仍仅仅局限于商界领袖的丰富想象和他们略带狡黠的商业智慧中。对于石墨烯的未来，他们可能与拥有专业知识的化学家、工程师或者物理学家持有相同的期许。利用石墨烯作为骨架，在上面添加生物分子，将发展出更加大胆、更具创新性的技术。这项技术有可能最终会催生纳米赛博格（nano-cyborg）①。这种表面覆盖石墨烯材料，具有生物或者类生物特征的结构现在听起仍然很神奇，似乎只会在科幻作品中出现。目前，检测生化武器的被动传感器②（passive sensor）亟须大幅提升其复杂性，

---

① cyborg 是 cybernetic organism 的缩写，意思是机械化有机体，又称改造人。
② 本身不发射信号而直接接收信号的传感器，与主动传感器（active sensor）相对。

以便能够跟上此类武器快速发展的步伐。

从理论上说，一个复杂的传感器可以搭载一系列蛋白质，这些蛋白质能够与气态的化学物质选择性地发生反应。当环境中出现了一种生化武器使用的化学物质时，这些蛋白质就会与其结合，并发生某些变化。这种变化会进而触发石墨烯表面产生电信号或者磁信号，提示计算机发现了生化武器。这些传感器上可以搭载经过特殊设计的分子（比如蛋白质或者核酸），精准地与生化武器的成分结合，从而识别出这些武器。如果被设计为"可充电"的模式，这些传感器还能循环使用。

如果被用作涂层材料，石墨烯甚至在短期内就将改变众多行业。由于石墨烯不易发生化学反应并且具有疏水性，因此当表面涂有石墨烯的物体在水下移动时，石墨烯将会有效地减少物体和水之间的摩擦力。如果给油轮的船体涂上石墨烯，全球航运的效率就将有所提升。如果在挡风玻璃上添加石墨烯涂层，玻璃的表面不仅会清晰透明（因为石墨烯本身就是透明的），而且还能形成疏水层，增加司机在暴风雨中驾驶时的安全系数。

还想降低高性能汽车遇到的空气阻力？只需用一层石墨烯包裹汽车的车身，就可以使其达到原子级的平滑程度。也许将来会有一位才华出众的工程师，能够设计出整个车身呈现完美流线型的汽车。这种汽车的发动机将拥有更大的马力，油箱中每加仑①汽油可以行驶更远的距离。在接下来的章节中，我们将放飞我们的想象力，畅谈一些距离当下更为遥远的发明，共同展望大尺寸石墨烯晶片得到应用的美好时代。

————————————

① 1 加仑 = 3.79 升。

第 5 章
即将成为快消品?

在本章以前，我们一直在介绍石墨烯及其独特之处，因为这种材料具有不可思议的物理和电子特性。我们已经介绍过它是如何被意外发现的，介绍过在一些研究人员中，为什么围绕这一发现存在诸多的争议。虽然我们知道它就隐藏在我们的日常环境当中，但我们仍然无法百分之百确信，当被剥离为单层薄片后，这种物质会十分稳定。事实上，石墨烯极其"隐匿"，它的几种相关却又各具特性的同素异形体（富勒烯和碳纳米管）都是在石墨烯之前被成功分离并研究清楚特性的。

近年来，石墨烯已经被运用到了一些十分有趣的应用当中。当我们在浏览报纸或者技术类杂志的科学版时，有关这种神奇材料的最新研究几乎随处可见。其中有些文章读起来完全就像科幻小说一样。然而，虽然媒体大肆宣传这种材料可能的应用，投资这种特殊碳材料的研发究竟能给我们带来什么呢？我们能指望从这些花哨的文字和极其复杂的实验中获得奇迹吗？又或者，这只是一个愚蠢的白日梦，就像软件行业中那些发布前就大肆宣传其优秀性能，但最终却没法发布的"雾件"① （vaporware）？日用的石墨烯产品什么时候才能真正上架？

---

① 指在正式发布前就大肆夸大宣传，但最终却无法兑现承诺发布的软件。

我指的是一种普通消费者真正可以购买，并且对其承诺的功能有充分信心的产品。科学已经做出了太多承诺，但到底什么时候才能兑现呢？

答案是：很快。

其他材料的失败之处，正是石墨烯的成功之所

我们正身处于一个格外激动人心的创新时代。令石墨烯极具价值的两种主要性能分别是其出色的强度和优秀的导电性能。在最贴近消费者的应用中，绝大多数产品都将以这两个特点为基础。石墨烯出色的强度使其适合用于许多对安全性有高要求的材料或者建筑材料。而它优秀的导电性能则可以帮助我们在不借助任何设备的前提下，从环境中直接捕获能量并为小型装置充电。例如，我们将看到"智能鞋"或者"永动腕表"等有趣的新应用，这些用品可以借助我们身体散发出的热量来充电。

在本章中，我们将冒着被误认为是在夸大宣传的风险，带领大家一起探索石墨烯可能的巨大应用潜力（既包括现在的，也包括未来的）。请记住，在过去几十年发现的各种"超级材料"中，没有几种真正实现了相关宣传中的超高预期。然而，我们已经开始看到，石墨烯将在其他材料失败的地方取得成功。

现在假设我们要在美国的某个社区建造一座房子。和北美的大多数地方一样，任何社区都面临着极端天气的挑战：冬天有暴风雪和大风，春天和秋天有龙卷风，夏天则有飓风，而且还随时可能发生地震。总而言之，大自然可以通过很多方式破坏甚至摧毁我们的新家。我们希望一旦出现这种情况，就能够在预算范围内尽快修复房屋。

在与建筑师协商并确定了总体设计和楼层平面图之后，我们就需

要开始考虑地基的问题了。由于美国各地的房屋大多数都建在黏土地基之上，因此都会存在渗水的问题。由于我们所在的地区经常会出现龙卷风，因此我们的新家必然需要一个地下室，这使防止地下水渗入地下室成了重中之重。为此，我们选择了浇筑混凝土作为地板，并用混凝土块来砌墙。我们打算在墙的外立面涂上石墨烯强化漆（graphene-enhanced paint），从而在根本上杜绝渗水问题[①]。除此之外，这种防水涂料还能作为一种屏障，减弱环境中常见的不良因素对房屋的破坏，从而进一步增进房屋结构的强度。

在地下室里，我们还需要安装一个龙卷风掩体。2011年，一系列龙卷风席卷了亚拉巴马州（Alabama），造成300人死亡。仅仅数日后，一场大型龙卷风又席卷了密苏里州（Missouri）的乔普林市（Joplin），造成数百人死亡。这些恶性事件自然会令人提高警惕，认真考虑自己和家人未来的安全问题。像飓风和强风暴这样的自然灾害也一直在影响着美国东海岸地区，因此我们需要提前为最坏的情况做好准备。

在迄今为止科学家测量过的所有材料中，石墨烯的强度是最大的，因此非常适合修建掩体。一种材料的强度是指没有缺陷的材料在断裂前所能承受的最大应力，石墨烯超高的强度使其成为理想的建筑材料。

哥伦比亚大学（Columbia University）的科学家詹姆斯·霍恩（James Hone）参与了测量石墨烯强度的工作，他在接受《物理世界》杂志（*Physical World*）采访时表示："举个例子，如果一张保鲜膜的强度与纯石墨烯相同的话，那么想要用铅笔刺穿这张保鲜膜，就需要超过20 000牛顿的力，这相当于2 000千克（或者一辆大轿车）的重量！"由于龙卷风或者飓风中的大量伤亡是由吹散的各种碎片造成的，因此石墨烯这样的高强度保护层无疑将是我们修建掩体时的首选材料。

[①] 本书上文中曾介绍过，石墨烯具有疏水性。

下一步要考虑的是房屋的整体框架。我们希望在面对龙卷风、飓风或者地震的威胁时，房屋的主体架构能够尽可能的牢固。出于相同的原因，我们也会选择石墨烯强化材料来加固房屋的整体架构，确保我们未来的房屋能够屹立不倒。

现在，我们要着手考虑房屋的基础设施了。研究发现，石墨烯是一种极佳的导体。事实上，石墨烯还具有其他十分有用并且非常有趣的电性能（在稍后讨论房屋内的各种物品时，我们会进一步介绍）。但现在，我们暂时只考虑如何高效地为房屋供电，并且尽可能降低电费。我们选择从在屋顶安装太阳能电池板入手。

相信你已经猜到了，我们选择了在屋顶安装石墨烯太阳能电池板，而不是现在广泛使用的硅或者锗电池板。除了光电转化效率更高外（每捕获一个入射的光子可以释放多个电子，而不是仅仅一个电子），石墨烯在电磁波谱上的工作范围也更广，这就使太阳能电池板能够利用阳光中以前无法利用的波段，而不是将这些光反射走或者在吸收了这些光后变得过热。对于传统的太阳能电池板来说，这些无法利用的光产生的热会对其造成损害，这也是为什么现代的太阳能电池板要想高效运行，就必须采取手段对其进行冷却的原因。

通过将传统太阳能电池板无法利用的波段也加以利用，石墨烯成功地规避了电池过热的问题。这些石墨烯太阳能电池板不仅非常轻便而且还有一定的柔韧性，因此除了屋顶之外，还可以被安装在其他地方。石墨烯光伏电池可以被安装到房屋的任何向阳面，包括会在冬季达到发电峰值的南墙，而冬季恰恰是用电量高，电力系统急需弥补电力的时期。

我们甚至还能更进一步，购买安装有石墨烯太阳能电池的窗户。这种窗户内嵌有一层薄薄的液晶，我们可以借助窗上电池产生的电能，随意调节自然光的亮度。在一个阳光明媚的日子里，如果想保持卧室里漆黑一片，我们只需要通过液晶调整窗户上的光伏电流，就能屏蔽掉入射的阳光。

考虑到如今许多家庭白天没有人，也无需用电，而白天恰恰又是太阳能最高效且最容易用于发电的时段，我们还将为我们的房屋配备一个石墨烯储能系统，用于尽可能多地存储没有使用的太阳能，以备晚上需要时使用。为此，我们需要利用超级电容器①（supercapacitor）。传统的电池通过严苛的化学过程来储存电能，而超级电容器则是将电荷存储在其电极的表面，这种效应与在地毯上摩擦你的脚，进而产生静电比较类似。

其实市面上已经有非石墨烯的超级电容器销售了，只是这些超级电容器在较低的电压下就会被击穿②（breakdown），因此能够存储的电荷量较为有限。采用石墨烯材料后，超级电容器的储能密度可以达到甚至超过传统化学电池的水平，只不过石墨烯超级电容器的成本更低、体积更小、质量更轻。

高效的太阳能电池板产生的电力将被输送至同样也很高效的供暖系统，而这个供暖系统也采用了石墨烯发热元件。总部位于英国的Xefro公司正在打造一种全新的供暖系统，据估计该系统能将每户家庭的取暖费用降低25%~70%。Xefro公司使用了一种石墨烯墨水（graphene ink）来制造发热元件，并大幅缩减了将热能分散至各个房间的传热途径。

我们将在屋子中使用无线连接控制装置，这套装置能激活房间地板中嵌入的特定石墨烯发热元件，确保仅在房间有人使用时才会制暖。由于制暖面积足够大（地板的整个区域），因而只要有需要，房间可随

---

① 能量密度介于传统电容器和可充电电池之间的一种电容器。这种电容器的充/放电速度和寿命期中的充/放电周期数都要优于可充电电池，主要用于能源储存（而非用作电路元件）。

② 随着电容器两个电极板上存储的电荷越来越多，两个电极间的电压也越来越大。当电压达到击穿电压（breakdown voltage）时，电极板之间的电介质就会电离成为导电离子，两个电极板间会形成瞬时的强大电流，这个过程就称为击穿。

时实现迅速升温。其他暂时无人的房间则可以保持较低的温度，既节能又省钱。

我们的房屋还需要安装供水设施。最近发生在密歇根州（Michigan）弗林特市（Flint）等地的危机[1]凸显了工业化世界的一个问题，而许多发展中国家更是几个世纪以来一直受到这个问题的困扰，这个问题就是对清洁水源的需求。由于一系列不明智的决定和糟糕的运气，在很长的一段时间里，这座城市的市民始终面临着水源受到铅污染的问题，而解决这个问题的方法只能是修复或更换整个社区数百英里长的水管。如此庞大的基础设施项目需要耗费大量的时间和资金才能完成，这期间人们不得不依赖于瓶装水。

为了避免类似问题的出现，我们将为新家安装简单的氧化石墨烯薄膜，这种薄膜能够过滤水中的所有污染物，而不是仅限于铅。我们计划安装的石墨烯薄膜有近乎完美的过滤效率，能够去除掉重金属、有机毒素和杀虫剂（以及其他常见污染物）。

既然如此，我们为什么不把这种石墨烯过滤设备安装在水源的另一端呢？也就是说，为什么不把这种设备用来过滤从我们的家中排出，原本会流入城市污水系统中的污水呢？这种过滤设备可以使清洁过的水回流到我们家中的饮用水系统中，实现水在不含污染物的情况下被重复利用，只有受到严重污染的污泥才会被排入下水道，接受更加严格的净化处理。

为了进一步提升房屋的效能和各组成部分的统一性，我们下一步计划在每个房间的天花板和墙壁上安装柔性的石墨烯条形灯（graphene-based flexible lighting strip）。传统的照明设备或者灯具多数都只有一个

---

[1] 弗林特市于2014年将该市的饮用水水源从休伦湖（Lake Huron）和底特律河（Detroit River）调整为了弗林特河（Flint River）。由于对水的处理不够充分，输水管道中的铅渗入到了饮用水中，使水中的铅含量严重超标，并导致不少弗林特市民出现了铅中毒。

灯泡，作为离散的光源。而这种石墨烯强化条形灯则不同，不仅轻、薄、透明，而且可以直接连入房屋的电力系统。当然这只是个人偏好的问题：有人就是喜欢明亮、光线均匀、没有阴暗角落的房间。通过广泛分布的光源，或者说，通过一种非离散的光源，我们可以确保房间里不存在阴暗角落，因此无论我们站在哪里，都能获得充分的照明。

不过等一下，石墨烯强化产品可不仅仅适用于建设我们的新家。我们已经将有关新房建设的各项决策问题都过了一遍，现在，有关房屋实际建造等具体问题，可以交给我们能干又专业的总承包商去考虑了。假设今天是星期六，我们打算利用周末时间来处理一些家庭琐事，比如日常的外出采购。

从轮胎到袜子，石墨烯将无处不在

我们的第一站是附近的药房，到那里去买一些医药用品，补充医药箱。事实上，我们只是需要再买点创可贴。身为父母，真是永远都有操不完的心。自从家里大搞各类体育娱乐活动以来，创可贴就消耗得非常快。药店里有普通的创可贴，就是上面覆盖着一片棉质纱布的那种。但让我们看看这种新品牌是什么？抗菌型石墨烯创可贴？根据包装盒上的介绍，这种创可贴不仅可以抗感染，而且可以通过抑制细菌生长彻底防止感染的发生。只要有细菌细胞靠近石墨烯薄片，这些细菌就会被迅速地切成碎片。还记得上文中介绍过的石墨烯的滤水功能吗？

如果你把细菌看作污染物，就能理解这种石墨烯薄片是如何"过滤"掉细菌的了。一旦细菌被过滤并切成碎片，人体就能轻松地处理掉这些碎片。这将使细菌无法以难于控制的速度分裂，从而将细菌的数量始终控制在孩子自身的免疫系统足以应对的水平。

那么是不是说，我们现在无需同时购买创可贴和抗菌药膏了呢？虽然与传统的创可贴相比，抗菌型石墨烯创可贴的价格要略高一些，但购买抗菌型石墨烯创可贴似乎依然是一个省钱妙招。你也许听说过当地的医院已经开始使用这种创可贴了。对于那些原本需要涂抹抗菌药膏来处理的伤口，医护人员尤其喜欢使用这种创可贴，因为其特殊的抗菌原理使细菌无法进化出耐药性。在被具有抗生素耐药性的"超级细菌"感染后，病人会有较高的死亡率，而由于其与众不同的抗菌原理，这种石墨烯创可贴大大地降低了医院中病人的死亡率。

在其近期的一篇专栏文章中，一家报纸对这种创可贴的制造商的创始人进行了采访，对他在这一领域的贡献给予了极高的赞誉。只要能够确保家人更加安全，防止"超级细菌"的扩散，谁还会在乎多花那一两美元呢？无论是对我们自己，还是我们生活的社区，使用这种新型的创可贴都是好事。

在前往下一个地方采购的路上，我们突然接到了医生的电话。我儿子的 X 光检查结果出来了：他踢足球受伤的地方并没有骨折，只是扭伤。不过，我们不知道的是，现在医生用来做检查的 X 光机的工作原理和我们小时候已经完全不一样了。新的 X 光机利用石墨烯的二维结构来产生等离子体（plasmon），进而触发产生受到精准调控并且高度定向的 X 射线脉冲。

由于这些新的机器的 X 射线泄漏量远低于以往的 X 光机，因此我儿子受到的 X 射线辐射量也低了很多。他扭伤的地方无需打上沉重的石膏，使用更薄的石墨烯强化橡胶复合材料（graphene-enhanced rubber composite）来固定就行了。这种特殊的复合物具有更强的支撑作用，而对病人的束缚却大大降低了，这有利于缩短我儿子的康复时间，帮助他尽快重回赛场。

　　既然提起了运动，我们决定顺便去一趟体育用品的大卖场。我们即将迎来一个重要的周末假期，全家人想要一起去远足。我们有一些热爱登山的朋友，他们最近买了一种新式袜子，引发了周围许多朋友的热议。

　　可能是由于其丝纤维中含有石墨烯，这种袜子显得格外光滑，即使在山路上徒步一整天，脚也不会臭。这种功效和前面提到的创可贴的原理类似。在徒步时，用这种纤维制成的衬衫和裤子不仅不会被荆棘划破，还能够防止我们被刺伤。实际上，这种面料极其柔软、光滑，即便在恶劣条件下长期穿着也不会磨伤身体。要是在夏天割完草之后还能没有汗臭，那可真不错！其实，体臭正是由细菌引起的，现在细菌遇到石墨烯时会发生什么，我们都一清二楚啦。

　　再让我们来看看卖场的第三行货架上摆的是什么。是一些新型的自行车！这些自行车不仅使用了碳纤维框架来制造车身以减轻车体的重量，它们的轮胎还是用含有石墨烯的橡胶制成的。当然，我们开始都觉得这只不过是噱头。但和很多时候一样，好奇心再次占了上风，于是我们请来了附近的一位工作人员，问他："这种轮胎有什么特别之处？"

　　"哦，这种轮胎非常棒。我有朋友是铁杆的山地自行车爱好者，橡胶中所含的石墨烯薄片确实能提升轮胎的抓地力，轮胎的使用期也变得更长了。发明这种轮胎的老兄绝对是个天才。与普通轮胎相比，这种轮胎几乎可供消费者使用终生。"不仅如此，自行车头盔看起来也加入了石墨烯的热潮。商家声称这种头盔的减震效果比普通头盔更好，能够有效降低外力对颅骨的冲击，这就意味着意外从自行车上摔下来时，骑行者的头部会得到更好的保护。

　　利用石墨烯复合材料制造的自行车框架要比金属框架更轻，同时也更加耐用。由于车更轻了，因此自行车手在上山时可以更节省体力，从而进一步提升赛道上的成绩。对于我们这些无意成为奥运级专业骑手的普通骑行者而言，轻便的车身使我们骑车上下班更加方便，这将吸引城市中更多的人骑车上下班。所有这些新产品的创意都很棒。

接着，我们来到陈列电子产品的产品墙，挑选一款体征监测器①（fitness monitor），用来替换上周刚坏掉的那个。最新款的产品似乎已经不再需要专用的充电器了。新款产品的电力来自石墨烯强化电池（graphene-enhanced battery），通过走动就能充电！事实上，几乎所有最新款的户外运动服装都有独特的设计，可以利用太阳光产生电能，为我们的体征监测器、手机以及其他小型电子设备充电。所有这些创新都依托于石墨烯强化电池、超级电容器，以及效能近乎超导体的电路。

由于制造材料中含有石墨烯，因此早期的这类产品的颜色不是黑色就是深灰色。在需要电线的地方，细小的线路在纤维中隐约可见。然而随着制造工艺的发展，以及市场对不同颜色和款式的需求，设计师们将迎来发挥创意的舞台。如今，不仅各种线路已经完全看不到了，而且你已经几乎分辨不出普通衬衫和这些高性能健身服装之间有何区别。

另一些运动服不仅拥有为电子产品充电的功能，而且还充分利用了石墨烯优异的导热性能。与传统的棉或者尼龙相比，在服装纤维中嵌入石墨烯长丝能够更加有效地散发掉人体多余的热量。也就是说，在炎热的夏日里，当你在户外慢跑时，你仍能保持凉爽，甚至能够感觉到一丝微风。石墨烯产品的研究进展还不止于此。使用新材料的冬季外套和防雪裤能够将身体散发出的多余热量传到四肢，令穿着者全

————
① 指能监测心率等生理指标的可穿戴设备（比如智能手环）。

身都保持温暖。看来汗流浃背和手指冻僵的日子都将一去不复返了。

我们还顺带看了一下鱼竿。实在没想到，就连鱼竿也在吹嘘其制造材料中含有石墨烯。我们翻了一个白眼，在石墨烯被发现之前，各种产品难道就制造不出来了吗？我们注意到了鱼竿广告上的文字。广告宣称只要选择鱼竿生产商的"专利"鱼线，这款鱼竿能够承受的弯曲角度就将比普通鱼竿大许多（强度比业内领先品牌整整高出 25 倍，当然啦，这款鱼线也是用石墨烯制成的）。

在鱼竿的这些宣传中，有的听起来不太可信，但由于我们今天亲眼看到了其他一些使用了石墨烯的神奇产品，因此我们还是愿意相信这些宣传。也许未来我们还会格外留意人们把鱼竿折成八字形的视频，那样的视频一定有趣极了。从网球球拍到橡胶轮胎，再到运动服装，石墨烯似乎无处不在。

事实上，新买的车以后也不再需要更换润滑油了。难以想象，我们的车不再需要到店里去更换机油了，而且是永远不需要！这是因为车里使用了高科技的润滑油，其中含有石墨烯包裹的"纳米金刚石"（nanodiamond）。一些广告以动画的形式呈现了这些包裹着石墨烯薄片的小球，以及它们是如何帮助汽车的各个部件实现旋转和滑动的。

这种润滑油还有利于延长引擎的使用寿命，因为无需更换润滑油就意味着可以把相关的系统设计制造成封闭式的，而这将使车辆的日常保养方便许多。实际上，由于这种设计降低了发动机的摩擦和磨损，汽车的油耗达到了前所未有的最佳水平，一些新型的能量回收（energy recapture）技术则令旅行变得更加轻松顺畅。现在的混合动力汽车和纯电动汽车已经能够回收刹车过程中损失的能量，未来的汽车也许还能回收排气管的热能。这将使几年前还在销售的汽车看起来就像落后了一百年一样。

在店里等着孩子们买东西时，我们无意间转动了一个滑板的轮子。我们很快就注意到，轮子一直转个不停，而且完全没有发出声音。想知道原因吗？是的，滑板轮子密封的轴承中添加了石墨烯作为润滑剂。石墨烯果然是无处不在啊！

当我们从这些琳琅满目的产品中回过神来时，才意识到这种看似简单的分子竟然引发了如此巨大的变化。它完全能够改变整个世界，从高科技电子产品到不起眼的日常用品，适用范围几乎无所不包。我的疑问又来了，在前石墨烯时代，我们到底是怎么造东西的？

在未来的二十年中，政府和私人机构资助的石墨烯研究将不断大力推动这一领域的科学进发展。这种材料似乎可以在无穷无尽的领域得到应用，产生出各种高效、强韧的新产品，为人类带来一个富足的新世界。但有一个词值得我们特别注意：承诺。在科学真正将这些承诺兑现之前，一切都是空谈。所有这些有趣的发明现在听起来都不过是一些时髦玩意儿和便利工具。

但是，如果即将到来的医学和水源净化革命真的被推广至发展中国家，又会发生什么呢？想象一下，如果所有人都能平等地获取所需的医疗护理和清洁资源，建设起当地的基础设施体系，同时又不会重蹈覆辙，造成 19 世纪工业革命引发的混乱，那会怎么样呢？石墨烯不应仅仅用来打造各种神奇炫目的小工具，在亲友欢聚时赢得一片"欢呼与惊叹"。借用威廉·麦克唐纳和迈克尔·布朗加特的话说，石墨烯将帮助我们"重塑生产方式"。

第 6 章
石墨烯超级电荷

与传统的超导体不同,石墨烯是封闭的。所谓"低温超导体",顾名思义,是指在低温(超低温度)条件下导电时可避免电能损耗的导体。1911 年,荷兰物理学家海克·昂内斯[1](Heike Onnes)发现,一些材料在温度冷却至接近绝对零度($-4K$[2]或$-269℃$)时,会呈现出某种奇怪的特性:它们的电阻会下降为零(可不是约为零,而是真正的零,因为此时已经完全没有电阻了),并开始排斥或驱逐磁力线(以防止磁场渗透)。发生这类效应的温度被称为材料的临界温度(Tc)。

这一特性为何具有重要意义?因为在我们将电力从发电厂传输给用户的过程中,大量电力被白白损耗掉了。损耗量取决于金属电阻的大小。通过名字我们就能知道,金属会对其间通过的电流形成阻碍。与其他材料相比,金属的电阻已经相对较低,这也是我们在电器中使用金属导体的原因。我们每个人在日常生活中都会体会过这种能耗损失,比如当你发现电暖器或吹风机的电源线变热时,能耗就在流失。

上述这种利用电能产生热量的过程是一种我们想要的能量转化。

① 海克·昂内斯(1853—1926),荷兰物理学家,1913 年获得诺贝尔物理学奖。
② K 是开尔文的单位符号,$1K = -217.72℃$。

吹风机或电暖器中使用的材料是专门用于将电源传输出来的电能转化为热能的。其他类型的能耗损失通常没有这样明显，或者至少未被归因于能耗损失。

比银还完美的超导体

你有没有体会过，手机使用时间较长便会发热？原因在于，手机材料固有的阻力在电压下使手机变热。白炽灯发光时便会释放大量的热能，其温度可高达数百摄氏度（或数百华氏度）。部分读者可能还记得小时候玩过的简易烤炉或恐怖爬虫压模机[1]。这些玩具之所以操作起来如此简便，就是因为它们利用了白炽灯来加热蛋糕或利用了昆虫压制原料。这种热能，或者说热量，是在电线中的电流遇到加热设备中的电阻时产生的。

与前面提到的例子不同，对于非加热型设备而言，热能是由电阻造成的一种损失，属于系统低效率的表现。在电气学领域，物理学家们所期冀的"圣杯"是一种在高达 37℃（约 100℉[2]）时，仍可实现零电阻的材料。这样，我们就能够把电力从发电成本低廉的地方（通常为非常偏远的地区）传输至需求最为旺盛的地方（包含多数城市地区）。

我们今天总能看到绵延数十万千米的输电网络，它们四通八达，覆盖广度超乎想象，而这些电能在向我们的家庭、办公室和生产设施传导的过程中，正以厘米为单位，逐渐发生损耗。根据美国能源信息管理局的数据，美国的输电和配电损失占总发电量的 6% ~ 7%。这还不包括电力抵达终端消费者后由家电设备造成的能耗抵消和耗损。

---

[1] 恐怖爬虫压膜是一款流行的儿童玩具，可通过简易的加热装置和压模工具，将可塑材料压制成各种款式的爬虫模型。

[2] 1℉ = −17.22℃。

也正因这一现状，超导体才具有如此强大的吸引力。有了超导体，电力传输中的电阻性损耗将趋于零。超导体存在的问题就是难以长时间持续工作，这点众所周知。当超导体温度过高时，其作为导体的性能不会随着温度的升高而逐渐降低，而会突然失去超导性能。在达到临界温度后，它们会转变为传统的有损导体，中间不存在任何过渡。也就是说，无论任何材料，它要么是超导体，要么不是，没有中间路线可走。

此外，还需注意本章第一段中提到的磁通量标准。即使超导体的温度低于临界温度，如果被暴露在强磁场中，超导体的超导状态也会突然消失。我们称破坏超导状态的磁场强度为临界磁场。可惜的是，在我们使用电子设备时，电力的作用之所以大到逆天，正是因为我们可以利用它来产生磁场或与外部磁场相结合，而这种磁场强度足以摧毁超导效应。要想将以米、千米，甚至是数千千米为单位的超导电线保持在临界温度以下，目前是不可能实现的。

铌是一种广泛使用的传统低温超导体，其临界温度为 4 开尔文。但在罗得岛一个典型的冬日里，每天的最高温度约为 30℉（也就是 272K）。也就是说，为了保持超导性能，铌丝的温度需要比冥王星的平均温度还低！可见，利用传统超导体构建电力传输设施是不现实的。

1986 年，人类发现了所谓的高温超导体。之所以称其为"高温"，是因为即便温度达到令人略感安慰的 90～130K（−297～225℉），或者更高，这类材料依然可以保持超导状态，实现零电阻。这是绝对的重大突破啊！

高温超导体多由混合了多种特殊元素的陶瓷材料制成，它们很快在科学家和工程师中间成为风靡一时的研究课题。大家开始抓紧寻找批量化生产的方法，希望将这项技术早日运用到电力设施当中，真正实现超导体理论上具备的降成本优势,避免为保持超低温而支付巨大开销。

高温超导体可以利用相对常见的液氮来保持低温。与传统超导体所需的液氦相比,液氮的生产和存储要简单得多。从成本来看,液氦要比液氮贵上几个数量级。有趣的是,在保持适度的工业用量时,液氮每单位用量的成本比蒸馏水还便宜。

然而令人遗憾的是,高温超导体的广泛应用还是未能实现,主要原因在于,90K 的温度仍然低得要死,尤其难以在远距离传输中实现。与此同时,这种新型材料用于制造具有所需特性的电线时,也无法实现大规模生产。这两种类型的超导体都在某些小型应用领域被广泛采纳,但均未实现大规模应用,当然更不可能被应用于电力传输设施或日常设备当中。

下面来讲讲石墨烯。石墨烯也不属于常温超导体。它虽然对临界温度或临界磁场强度不是很敏感,但在电流传输过程中,它也达不到电阻为零的程度,只是已经与零电阻十分接近了。工程师们也注意到了这一特性,许多人正在研究如何利用它的电性能,将 6% 的损耗降至更低水平。石墨烯的电阻小于银,而银是效率最高的电导体之一。石墨烯有望在发电、电力传输和利用设施等各领域得到更加广泛的应用,而且石墨烯的电阻并不会随温度变化产生巨大波动。

用上石墨烯电池,再也不用担心手机充电会爆炸。

当你知道自己的口袋或钱包里可能装着内含高腐蚀性酸的容器时,仍会感到很安全吗?如果是放在你的车里呢?我所说的这种容器就是"电池"。在我们这个互联互通且全面实现电气化的现代世界中,电池已成为不可或缺的支柱产业。与此同时,电池也构成了移动电力设施的致命弱点。如果你询问任何对电网有所研究的电气工程师,他都会告诉你，储能技术始终未能取得实质性进展。现在，我们基本上还在采用与50年前相同的化学方法实现电力存储，相关改进微乎其微。

电池的工作原理仍是化学。为了产生电能，电池需要先储存电子，然后在需要的时候以一种可控的方式释放它们——任何一段时间内既不能释放得太多，也不能释放得太快。电子均来源于电池的负极，然后经线路连接至各种不同的设备。

当你开始使用电流时，负离子会通过电池中的液体进行流动，直至耗尽电池内存储的能量。好在目前大多数电池都是由可充电材料制成的，所以我们也可以反过来操作：向液体中添加电子，再生离子后储存起来，供需要时使用。这是一个化学过程，且十分有效。但这种方法也存在明显的不足，那就是电池过于笨重，笔记本电脑的重量就几乎全部被电池占据了。

电池充电时也可能出现问题。我们应该不难回忆起最近发生的手机电池事故吧？不仅手机可能会整个熔化掉，而且还有可能发生爆炸。我们要时刻牢记，一块电池就相当于一枚潜在的炸弹。两者唯一的区别在于能量释放的速度不同：电池是缓慢释放的；而炸弹则是瞬间释放。人们都不愿多想此类问题，因为大家口袋里都装着最新款的高耗能小型电子设备。

除化学电池外，还有一种燃料电池也通过不同的化学反应产生电能，但两款电池面临的问题大体相同：重量大，且时常存在爆炸的危险性。

这种类型的电池非常适合小型设备使用，小到手机，大到汽车均可，但对于大型电力设备而言并不实用，比如需要将白天的太阳能存储起来，供晚间或停电时使用的太阳能农场。在大规模储能方面，工程师们显得更具创新能力，但在长期储能的问题上，工程师们仍是束手无策，始终未找到实用而统一的解决方案。

再来看看熔盐电池。这种电池体积庞大，可通过太阳能聚光器存储白天产生的热能（热量），晚间用来发电。这是一个绝妙的创意，现已被世界各地的太阳能发电站广泛采用。然而，这种发电设备与大型太阳能发电工业存在相同的缺陷：仅适用于阳光充足、人烟稀少的地区。因此，此类设备无法在全球范围内得到普及。

此时，重力电池可以成为人们的另一种选择。水力发电站通常在涡轮机上方设一个蓄水池。进入深夜，当人们上床睡觉的时候电力消耗通常会大幅下降，这时办公室的灯光也被关闭，恒温装置调整为节能模式。一些水电站的大坝会启动水泵，将其所在河段的水流抽送至上方的蓄水池中。白天，当用电量达到峰值，电费价格也升至最高位时，人们再将水向下游放出，使其在重力作用下转动涡轮机，增加发电量。

需要特别说明的是，这种发电方式需要启用一个独立的蓄水池，它通常高于当地水位，以便晚间蓄水，白天排水。这个蓄水池是加在大坝蓄水形成的人工湖上面的。（不得不说，这一创新工程实现了利润的最大化！）虽然只有当地早晚电价存在差距时，这种电池才具有实用价值，但它确实存在独特的作用。

那么石墨烯又在其中扮演了怎样的角色呢？石墨烯所具备的特性，使其成为制造电容器的理想选择。电容器也是一种电池，但它的运作却不是基于化学原理。

它的设计思路是：借助绝缘体（也称为电介质）将两块导电板分开，然后将电能存储在导电板之间的磁场中。通电后，两块导电板之间将产生电场，使得一块导电板带正电荷，另一块带负电荷。由于电介质不属于导体，所以电流不会在其间流动。

电荷的积聚，也就意味着电能被存储起来，直至达到临界阈值。最终，当电场强度过高时，任何电介质都会发生分解并开始导电。不同电容器的设计和储能极限各不相同。（不幸的是，炸弹不仅同化学电池存在共性，同电容器也存在共性。）

电容器的储能极限与导电板的表面积成正比，与两者之间的距离成反比。导体的表面积越大，导电板的安装越紧密，储存的电荷就越多。理想电容器通常被称为超级电容器，它的导电板表面积大，间隔距离小。现在你该知道为什么要在石墨烯的书中探讨这个问题了吧。

石墨烯具有极高的导电性能（正是制造电容器导电板所需的电气性能），适于制造大尺寸导电板的强度（可制造极其轻薄的导电板）和极尽纤薄的形态（可在小型电容器中堆叠多块导电板，增加有效的储能容量）。石墨烯有可能成为帮助我们制造出真正超级电容器的材料。

那么，石墨烯强化电容器能比传统电池好多少呢？实在是好太了！美国国家航空航天局 (NASA) 的研究人员正在开发一种叫做"超级电容器"的高功率密度电容器，这种电容器利用折叠后的石墨烯薄片尽可能增加可用表面积，以便以较小的体积和重量存储电荷。

图 6-1 展示了 NASA 的一项研究成果，该研究将常规化学电池与超级电容器和石墨烯超级电容器进行了比较。1 石墨烯电容器的能量密度与化学电池相比毫不逊色，但其功率密度却比化学电池大 100 倍。这就意味着，在为高功率系统供电时，石墨烯强化电池的供电时间要比任何化学电池都长。此外，在对石墨烯电池进行快速充电时，还可避免化学电池在快速充电过程中引发的风险。换句话说，如果你给石墨烯电池快速充电，这种电池既不会熔化，也不会爆炸，而熔化和爆炸却是目前大功率化学电池经常出现的问题。

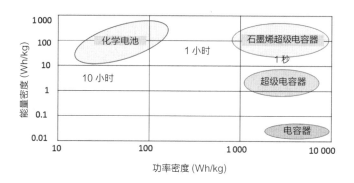

图6-1 与几乎所有其他类型的储能设备相比，石墨烯超级电容器的
性能都要更加优异（NASA）

在实践中，一旦这项技术得到完善，服务于消费电子产品的电池将会变得更小巧、耐用、容易充电。工业级电池将变得更易生产，使得本地化可再生能源的发电和储存首次成为现实。家庭用户也许将真正做到，在白天利用太阳能和石墨烯超级电容器进行发电和存储，而不再依托于电网。多家公司正在投资这项新技术，且首批产品已经上市。

化石燃料的替代品

人类文明早晚将摆脱对化石燃料的依赖。这种摆脱越快实现越好。从气候变化，到世界各主要石油产出国周边的政治动荡，再到各种易于获取的能源终将枯竭的现实，我们要积极寻找替代能源的理由实在太多。不幸的是，基于各种各样的原因，要想开发出替代能源，满足人类目前和预期的能源需求，并不是一件能够快速或轻松实现的事情。

太阳能可以算是最显而易见的替代能源。除核能外，所有其他能源都或多或少根源于太阳能。在阳光的照耀下，地球上每平方米面积大约可接收的能量为 1 361 瓦。如果这些能量可被全部采集并有效利用起来，那么在每天任意一小时内投射到地球上的能量就足以为整个人类文明供电一整年。注意，只需一小时！

然而我们并没有这么做，而且也不可能让太阳能集热器以 100% 的效率运行，覆盖地球上的每一平方米，以便采集这些能量。况且，即使能够做到，我们也会面临上述问题——如何储存能量，以便在需要的时候使用呢？

这并不意味着在合理的地方开展太阳能发电业务是毫无必要的。地球上有些地区每年大部分时间都能得到充足的太阳能资源，可作为建造工业级发电站的绝佳地点。拥有太阳能电池板的家庭和企业可以利用接收到的阳光来抵消自身从电网中消耗的电力，而来自电网的电能通常是由化石燃料产生的。

这一过程中尚有许多可以提升的空间，只是我们目前的做法效率很低。按照当前的技术水平，将阳光中的能量转化为可用的电能，转化率约为 30%。也就是说，投射到太阳能电池上的阳光，大约 70% 并没有转化成电能，而是以热量的形式损失掉，或白白反射回去。我们当然能够做得更好一些。而且，现在看起来，石墨烯能够帮助我们做到这一点。

当一个光的粒子（即光子）撞击太阳能发电电池后，电池会因撞击释放一个电子（即可产生电能的电荷载体）。但并非所有光子都能产生电子，也不是所有电子都能被成功转化为电池中的有效电流。

根据热力学定律，能量的每一步转化都会造成损失，但任何能够将这种损失降低的方法，都等同于对电池效率的提高。这种效率的提升可使电池产生更多有效电能。瑞士科学家发现了一种有效的方法，即引入名为"掺杂"的流程，通过在石墨烯中加入特定杂质，帮助单个光子产生的电子数量由 1 个提升至 2 个，从而将电池的转化率显著提升至 60% 左右。

但是，赶上烦人的天气，雨下个不断，又该怎么办呢？遇到阴天，日光不足，无法发电，太阳能电池变得毫无用处，这就迫使消费者不得不去寻找替代能源，或者还得回头依靠电网。真是这样吗？

中国的科学家们顿悟出一条新思路。还记得石墨烯薄片作为电容器或几乎可以用作超导体时所具有的卓越性能吧？中国科学家们将两者所蕴含的基本物理原理运用到了下雨天。石墨烯的电子极易获取（这也正是石墨烯能够成为优质电导体的原因），因此也非常容易吸引带正电荷的离子。这正所谓异性相吸呀！

由于雨水并非纯净水，其中含有钠、钙和氨等各种天然或人为的杂质，不难理解，这些杂质中有许多是天然电离的，或带电荷的。这些杂质自然会被石墨烯中的电子所吸引。如果这些带相反电荷的离子可实现分层，那么每到下雨天，一个天然的电容器就会形成。

这些科学家们对自己的理论进行了测试，并制造出转化率为 6% 的发电电池。这与太阳能电池将阳光转化为有效电能的转化率不可同日而语，但总比雨天完全无法发电要强得多。其重要意义还在于，这是有史以来第一个利用雨水发电的石墨烯电池。其实，最早利用太阳能发电的硅电池效率更低，科学家花了几十年时间才将它的转化率提升至 30%。

继"水/石墨烯发电"课题之后，中国的另一组科学家发现，当一滴海水穿过一片石墨烯时，也能进行发电。利用流动或下落的水源发电并非新鲜事。

在人类开始利用电力控制电灯和机器之前，农民便已学会利用水流落差形成的压力帮助自己研磨谷物，矿工则借助这种力量驱动水泵，早期的产业工人利用这种力量来研磨任何需要碾碎的东西。

20 世纪，人们在世界各地的河川溪流筑起了堤坝，以便兴建水电站进行发电。水流产生的能量被用来驱动涡轮机，进而产生电力。这种发电方式可达到碳中和，成本相对低廉，对环境的影响最小。美国约 13% 的电力来自水力发电。如果你能够以类似方式在较小量级上生成有效电能，会带来怎样的影响？如果你能够利用屋顶上流下来的雨水，以一种简单易行的方式来贴补家中的电费，又该是怎样的情形？

回想一下，盐（氯化钠）很容易在水中电离，生成正电荷载体，然后与易于获取的石墨烯电子发生反应。当被电离的盐水流经石墨烯时会携带部分自由电子，并在流动时将自由电子重新分布到水滴的另一侧，从而在水滴上产生电压差。

电压差是产生电流的必要条件，通过这种方法，便可形成一部发电量极小的微型发电机。如果能够提升发电量，那么这种技术就有可能成为个人或小型发电站的新选择，作用类似于水电站的堤坝，只是这种发电机不需要建造在巨大的河流上，也不需要配备大型涡轮机和所有相关的基础设施。

长久以来，人类主要依靠热能来发电。例如，在核、煤或天然气发电厂内，核反应或煤、天然气的燃烧可产生巨大的热量，之后这些热量会被转化为蒸汽。发电站利用蒸汽带动涡轮机旋转，最终产生我们所需的电能。

上述每一种方法都很复杂，需要精密的基础设施来保证系统的运行。要维持燃煤火电厂的正常运转，我们就需要每天用火车拉运一车又一车的煤。天然气发电站通常都需接入大型的天然气管道，每天 24 小时不间断地供气。而核电站的运营则更为复杂，因为核燃料带有高度危险性，一旦发生重大事故，后果严重。

香港的科学家们发现了一种利用热能和石墨烯发电的不同方法，

这种方法既可以被视为一种发电系统，也可以被视为一种新型电池。还记得我们讨论过石墨烯游离键合电子是导致其导电性能极高的原因吗？科学家们想出了一种被动发电的简单方法：把一个低功率的发光二极管（LED）利用电线连接到一片石墨烯上，然后将石墨烯浸入到氯化铜（不同品种的盐）溶液中。此时，石墨烯导体会与溶液发生反应，生成电能，让 LED 灯亮起来。

这种发电方法涉及的主要根据为：氯化铜盐溶液内含有两种离子——未结合的正极铜离子和负极氯离子。铜离子在溶液中快速移动，仅受到周边温度的影响。此处所说的溶液温度不高，仅为室温下保存的液体。铜离子撞击石墨烯带后会将其中一个游离电子释放出来。这个自由电子和整个电路一样，都须遵循一种十分简单的生存法则：始终消耗尽可能少的能量，以尽可能短的路径接入地下。

在我们所举的例子中，对于现在已被释放的自由电子而言，最便捷的路径是沿着具有高度导电性能的石墨烯带移动，而不是冲出同样具有一定导电性能的氯化铜盐溶液。自由电子沿石墨烯薄片移动的过程中会形成电压，点亮 LED 灯，我们现在便拥有了一款初级发电机或电池（这样的判断因人而异），其整个发电过程是完全被动的。随着溶液继续从周边空气中吸取热量，不断补充液体内的热能，电子从原地移动起来了。

一个褶皱，把石墨烯变成半导体

顾名思义，半导体也是一种导体，只不过在某些条件下可以导电，但在另一些条件下则不导电。这也正是半导体的作用所在。半导体可在导电和不导电两种状态之间快速切换，使得我们在电路系统中可以采用二进制开关或 0/1 编码进行控制。我们统称其为二进制。这种数制为我们过去六十年所经历的信息技术革命奠定了坚实基础。通过特定的制造工艺，半导体可实现单向导电。半导体对光线、压力、热量或周围环境的其他变化十分敏感。通过不同元件的组合，半导体可在各种环境下做出不同的反应。

如今，半导体已融入现代生活的方方面面，从口袋里的手机、办公桌上的电脑等随处可见的物品，到汽车、冰箱和大多数家用电器的控制系统，半导体真的无处不在。在现代世界，失去以半导体为主要器件的各种电子工具将是完全无法想象的。

石墨烯本身并非半导体，而是一种近乎超导体的材料。要使石墨烯具备高效半导体的性能，我们必须采取某种措施。这里所说的"某种措施"多半是指添加另一种元素或化学物质，我们将这种工艺流程称为"掺杂"。有趣的是，这其中很有些讽刺意味。

在无杂质状态下，我们目前采用的大多数半导体，均不具备导电性能——它们属于绝缘体或非导体。以硅为例，它是半导体制造材料中最常用到的元素，旧金山附近著名的硅谷就是因此得名。与金属和石墨烯不同，硅的导电性能很差，因为它没有自由电子来传导电流；硅的内层电子紧密排列，外层电子成共价键，因而无法四处移动。要制造硅晶半导体，就必须掺杂另一种元素。

科学家们都喜欢给各种反应过程和条件起名字。在化学中，科学家们为掺杂过程所起的相关名为"八隅规则"。根据八隅规则，当一个原子的外层有 8 个电子时，它就可以实现稳定态。

我们可以把原子的壳想象成皮肤。每层皮肤只能拥有一定数量的电子。如果一个原子壳的电子少于应有数量，则很容易与相邻原子的外层电子形成共价键，从而填补外层出现的空缺。一旦出现这种情况，该原子便不太可能与其他元素进一步发生反应，于是我们认定该原子处于稳定态。这是化学中的基础原理。

硅的外层有 4 个电子，很容易与周围的其他硅原子共享电子，形成对称的晶格（图 6-2）。每个硅原子都在其最外层与其他硅原子共享空间，从而形成了满足"八隅规则"的形态：外层全部被填满，不存在未配对的电子，因此硅不会成为绝缘体。

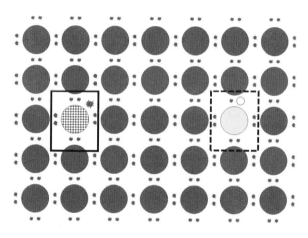

图 6-2 左侧实线框标示的是 N 型掺杂剂，注意被挤迫到晶格中的多余电子。右侧虚线框标示的是 P 型掺杂剂，注意仍有待电子填补的空缺（制图：约瑟夫·米尼）

为了使硅转化为半导体，科学家们需要在晶格中插入一个外层含 5 个电子的原子或外层含 3 个电子的原子。当加入含 5 个电子的原子时，5 个电子中有 4 个电子会与相邻的硅原子结合，满足八隅规则，但这样就会留下一个未配对的电子自由移动。这个自由电子使得新形成的晶格具备了传导电流的能力，尽管性能较差。这种半导体被称为 N（负）型半导体。

如果科学家们掺入一种含 3 个而非 5 个外层电子的原子，那么在相邻硅原子中，将只有 3 个电子为满足八隅规则进行配对，留下一个未配对的电子。未达到稳定态的硅原子，也就是没有电子可填补其外层空缺的硅原子，带有正电荷，对周边任何游离的自由电子均可产生吸引力，以完成外层的填补。这种半导体被称为 P（正）型半导体。这种方式产生的材料在半导体制造业中均属标准材料，但像石墨烯这种经过掺杂工艺被转化为半导体的导体，则不属于标准材料。

对于石墨烯，我们需要找到一种有效的方法，使这种性能极佳的导体能够至少在我们认为必要的时候转化为非导体。继硅之后，科学家们又开始努力寻找新的掺杂方法，希望在晶格中添加另一种原子或分子，以影响它的电导率。这一次，他们是通过双层石墨烯成功实现了这一目标，而不是通过我们常常提及的理想态单原子、单层石墨烯实现的。

根据韩国首创的转化方法，科学家需在双层石墨烯一侧掺杂 N 型掺杂剂，同时在另一侧的表面掺杂 P 型掺杂剂。N 型掺杂剂在一侧添加电子，而 P 型掺杂剂则在另一侧吸引电子。这种吸引最终将形成一个电场，通常只要正负离子或材料拉近距离，这种电场就会出现能带隙，也就是一个不存在电子的区域。没有电子能够在那个区域流动，也就意味着该材料实际上被转化成了一种绝缘体。我们便拥有了一种半导体性质的双层石墨烯。

事实上，即使不采用掺杂工艺，似乎也有方法能够将石墨烯改造成半导体。我们再来想想石墨烯的形状，它是平面的，基本属于二维结构，而这正是石墨烯成为优质导体的关键所在。与此同时，石墨烯的二维结构又使该材料容易出现电流中断的现象，比如平面形态遭到破坏或出现皱褶。在一小片石墨烯上（其尺寸也许会激发起电子工业的科研攻坚兴趣），一处褶皱就足以使石墨烯在一个方向上的导电性受阻（不再导电），转化为半导体。

　　最后，佐治亚理工大学（Georgia Tech）的研究人员还发现，通过将石墨烯薄片多次折叠成带状，石墨烯也能转化为半导体。石墨烯的波距仅有 400 纳米，看起来像洋面上完美间隔的波浪，这都归功于科学家们对石墨烯进行的精密折叠处理，只是为何石墨烯因此具有了半导体的性能仍是不解之谜。科学家们用来"生成"这种石墨烯波（石墨烯的半导体部分）的方法，可在石墨烯薄片上形成多个半导体区域——这就使得此项技术向实用性晶体管生产的转化变得容易许多。

　　在本章中，我们研究了如何利用石墨烯固有且奇特的导电性能来提高发电、输电以及储存和利用电能的效率。我们还了解到研究人员如何改变石墨烯的结构，使其可作为半导体使用，从而为石墨烯在下一代电子产品中发挥更大作用又向前推进了一步。

第三部分

新材料的功与过

据当前预测，社会对石墨烯的需求量很高。面对每年成千上万新型石墨烯应用专利的申请，全球石墨烯产量仅可勉强满足实验室研究人员的需求，商用市场根本无从谈起，因此高质量的石墨烯产品价格相当高。

第7章

颠覆性创新简史

科技带来的颠覆并不是什么新话题。推动我们现代生活方式前进的每一项技术进步，都是过去几年（有些是很久以前）技术颠覆引发的直接结果。

农业的发明推动了整个人类文明的发展，我们不再是局限于非洲大地上的终日以狩猎或采集为生的个体和族群。现代的规模化农业只不过是初始农业创新的有效延伸，这种创新使得部分社会成员能够提前规划三餐，而不再处于每日找到什么吃什么的状态。若你每天都可以依靠他人为你提供食物，那么你就可以拥有充裕的时间去思考更加宏大的问题，比如如何改善卫生条件（另一项颠覆性的、有益人类的创新）、如何提高医疗护理水平，乃至升级到如何发明电脑和宇宙飞船。

在这一章中，我们将共同关注历史上的颠覆性创新案例，了解它们最初被接受的过程，以及它们普及后对社会和世界的总体影响。然后，我们将重新审视石墨烯的颠覆性质，并尝试判断它能否发挥同等作用，期待它在此过程中能够为人类创造一个更加美好的明天。我们首先要介绍的一项发明是激光，在早期宣传中，人们称赞这项技术是"早于问题出现的解决方案"。

激光、微处理器和互联网

1958 年，贝尔实验室（Bell Labs）的两位科学家为他们所称的"光脉泽器"optical maser 提交了专利申请，这款脉泽器后来被叫作激光器 LASER，现在通常简称为激光。

当查尔斯·汤斯（Charles Townes）和亚瑟·肖洛（Arthur Schawlow）提交专利申请时，他们坚信自己的发明一定会有许多潜在的实际应用，只不过几乎没有一个可以立即实现。与此同时，哥伦比亚大学（Columbia University）的研究生戈登·古尔德（Gordon Gould）也提出了类型基本相同的设备方案，并将其应用领域设定为干涉量度术、雷达与核聚变。这些思路都不错，但都不够成熟，无法认定激光可在短时间内应用到相关领域。

而当我们将时间快速推进至 60 年以后，人类已很难想象一个没有激光的世界了。现在，激光被应用于太空探索，用来测定月球和其他空间物体的距离；它还被杂货店使用，通过读取条形码来确定定价、进行库存管理；眼科医生利用激光纠正我们的视力；光纤电缆通过激光传输大量数据；此外，激光还被广泛应用于警方的速度检测器、我们的 CD 或 DVD 播放器，以及为我们家中的猫咪带来无穷乐趣的逗猫器。

上述这些应用领域还只不过是冰山一角，值得关注的是，激光的发明人在提交专利申请时，没有任何一份申请能够真正预见到这些应用领域。激光实实在在是一项早于实际应用出现的发明。它的确具有颠覆性。

电子数字积分机和计算机（ENIAC）可能不算是世界上第一台电子计算机，但多数人仍认为它就是。1946 年，宾夕法尼亚大学受美国军方委托，发明了 ENIAC，主要为美军计算更精确的火炮射击。

但 ENIAC 实际发挥的作用远大于其设计目标。它激发了整整一代远见卓识的创业者去推动计算机的发展，从而实现了 20 世纪六七十年代的大型计算机革命、20 世纪八九十年代的微电脑和个人计算机革命，以及 21 世纪前 10 年的智能手机革命。今天，从家用电器和汽车，到我们的家庭供暖和制冷系统，再到即将流行的功能性服装，微处理器正在变得无处不在。它一直是一项颠覆性技术，未来也仍将如此。

如果你还记得一边阅读纸质报纸，一边啜饮咖啡时那种发自内心的愉悦感，那么你就能够感受到互联网的应用让我们失去了什么。如果你经营着一家实体零售商店，即那种"什么都卖"的百货店，那么你就更能够深切体会到电子商务借互联网产生的影响——你要么学会利用它，要么很可能被淘汰出局。

只要问问世界各地成千上万家书店的经理你就会知道，在线实体书和电子书销售业务的诞生如何导致他们的实体书店纷纷关门。你还记得唱片店吗？我们现在都改用 iTunes 了。受影响之人的清单还可以继续延长。现代通信和零售业务与几十年前已大不相同：企业被迫迅速调整，适应这种变化，否则便要关门大吉。

事实上，的确许多企业都因此死掉了。即使不是传统意义上与零售相关的行业也不得不进行调整，以节约成本，保持竞争力。例如，许多公司将他们的文案编辑和审校工作外包给来自菲律宾、泰国或印度的、人力成本较低的员工来处理。互联网改变了我们获取新闻的方式、我们选择配偶的方式（各种交友应用软件）、我们表达政治和社会观点的方式（推特、脸书）、我们规划旅行行程的方式（Travelocity、Kayak 等），以及我们在工作和家庭中消磨时光的方式。

以亚马逊为例，它的 Echo 智能音箱是最受欢迎的家用电子产品之一。Echo 可以成为你的家庭助手，实现语音激活；只需一个简单的语音指令，就可以控制家中的方方面面。这都要归功于与互联网（颠覆性技术）相连的超高速微处理器（颠覆性技术）。只要一句"亚莉克莎（Alexa），有什么新闻"，你便可以从自己选择的新闻媒体平台获取每日新闻报道。你还可以让亚莉克莎在购物清单上添加物品，帮你订比萨（当然，账要记在你的信用卡上），调暗灯光，打开空调，锁上所有的门，诸如此类。同样，互联网一直是一项颠覆性技术，未来也仍将如此。

现代颠覆性技术的清单还有很长一段，在互联网基础上诞生的数字数据彻底颠覆了娱乐业（MP3 音乐、视频点播、电子书等）。水力压裂法正在颠覆全球石油生产和分配体系，改变着由来已久的政治权力结构。太阳能光伏发电不仅大幅降低了发电成本，而且实现了分散化发电，彻底颠覆了现有的发配电基础设施体系。卫星则改变了我们彼此交流的方式（卫星作为中继站）、我们导航的方式（全球定位系统）、我们预测天气的方式，甚至战争的方式。

这些颠覆性创新的共同点在于，它们都取得了成功。而那些被坚信会具有颠覆性，实际上却未能如愿实现的创新又怎么样了呢？

高温超导体的滑铁卢

由金属制成的电线是我们在日常生活中为身边各种设备导电所必需的材料。金属电线将电力从发电厂输送到社区密密麻麻地树立着的公用电线杆上，再经由家中墙壁里埋入的电线，输送到插座内，为各种家用电器供电。

每一步传输都会造成电力损耗。从根本上讲，这种损耗是因电线这种导体存在电阻率造成的。顾名思义，电阻率是用来表示电线对电流阻滞程度的一项衡量指标，传输中的效率损失均被转化为无效的热能。由于铜具备良好的柔韧性、较高的机械强度和相对较低的电阻率，因而成为电力传输系统的首选金属。

1911 年，荷兰物理学家海克·昂内斯发现，一些材料在冷却到极低的温度时，可实现零电阻导电——这意味着无论传输距离有多远，电流都不会发生任何损耗。这些材料称为超导体，我们曾在第 6 章中介绍过。

令人遗憾的是，过低的温度严重限制了其实用性，因为这种超导体的有效工作温度需要低至约 4K，即-452℉。这的确是个问题，超导体因此始终被局限于特定的小规模应用领域。这一情况持续至 1986 年。格奥尔格·贝德诺兹（Georg Bednorz）和亚历克斯·穆勒（Alex Müller）在这一年发现了一类新的超导材料，只需保持在 128K（-211℉）即可实现超导性能。

这是一项重大的技术提升。我们只要采用最先进的工业冷却器，就能够大规模应用这项技术。大量的研究论文和相关报道一时间充斥着各大科学杂志和大众媒体，称这种高温超导体"能够以种种方式改变一切"。似乎它们将成为电力基础设施各个部件的一部分，并彻底改变整个世界。

可惜啊，事实并非如此。这种新的超导体不再是某种金属，而是陶瓷，因此不具备电力系统所需的机械性能（参见第 1 章）。利用陶瓷制造电线仍是不切实际的；而让这种电线在数十、数百甚至数千英里的距离内始终保持低温也仍属重大挑战。

此外，同其他低温材料一样，当携带的电流过高，周边温度过热，或局部磁场过大时，高温超导体就会失去神奇的导电性能。很快，关于高温超导体革命的预言潮便开始悄然消退。这种材料仍然具有一定前景，只是现在很少有人（如果有的话）还会预测，高温超导体将改变我们的世界。

冷核聚变：20 世纪最后 10 年的热潮

核聚变是核能工程师们的圣杯，他们始终致力于探寻丰富的绿色能源来消除人类对化石能源的依赖。核聚变本身并没有什么神奇的地方。太阳利用自身巨大的质量，以及这种质量所产生的中心压力，将氢原子不断集中挤压，直至氢原子最终合并成氦并在这一过程中释放出能量。正因如此，太阳会持续发光、不断释放能量，而不会因自身的重量而发生坍缩。

目前核电厂主要利用的便是这种核裂变，即原子的分裂。虽然这一过程可实现碳中和，但核电站仍不是完全清洁的——因为每座核电站都会制造出危险的剧毒核废料，需要我们对其进行数百年，乃至数千年的安全封存和处理。

我们还可以利用裂变式原子弹，就像第二次世界大战中投到广岛和长崎的那种，来激发核聚变过程，制造出更大的炸弹，我们通常称这种武器为氢弹。在和平时期，科学家们可以在国家点火装置（National Ignition Facility）和国际热核聚变实验堆（ITER）等设施内利用大功率激光器启动核聚变过程。ITER 是位于法国的一家国际核聚变研究机构，这个名字在拉丁语中的含义为"道路"。同超导体一样，核聚变所面临的问题仍然是难以进入实用阶段。

正因如此，当马丁·弗莱施曼（Martin Fleischmann）和斯坦利·庞斯（Stanley Pons）于 1989 年共同宣布，在仅依靠实验室级的化学反应而完全无需极高能物理介入的条件下，他们已测量到核聚变发生状态下产生的"过剩热"时，许多人都认为由核聚变提供的新型清洁能源将以出人意料的速度变为现实。

他们的实验很简单：在钯电极表面覆盖一种特别制备的"重水"，然后在"重水"中通电，瞧，简单化学反应通常无法实现的超热现象就此发生了！令人遗憾的是，他们的实验结果无法复制。两人很快出面澄清，他们在实验尚不成熟的情况下过早宣布了结果。经过进一步核验，两人明显未能说明实验中的错误来源，也没有检测到核聚变发生后必然会带来的副产品。"冷核聚变"就是用来描述他们这种实验过程的术语，因为激发该过程无需注入巨大的能量。然而，冷核聚变，连同由此产生的所有期待和许诺，实际上都以失败告终了。

塑料改变世界，石墨烯也将如此

最后，让我们来了解一项成功的颠覆性技术。它似乎与当代的石墨烯技术最为接近，它就是塑料。

"塑料中蕴藏着伟大的未来。"麦奎尔（McGuire）先生对本（Ben）说，本是年轻的达斯汀·霍夫曼（Dustin Hoffman）在电影《毕业生》（The Graduate）中扮演的角色。麦克奎尔先生说的没错，无论利弊，我们不得不承认塑料确实改变了这个世界。

和石墨烯一样，塑料也是由碳基分子形成的。碳原子的长链和其他元素按照重复结构单元连接在一起，这通常被称为聚合物，也就是塑料的专业名称。只不过，塑料瓶和购物袋并不是唯一的高分子聚合物形式。包括淀粉、蛋白质或 DNA 在内的天然聚合物都是促成身体机能运转的要素。

聚合物很早就已被人类发现，但一直未能投入重要应用当中。直至在人类 20 世纪初首次从化石能源，更具体地说，直至从石油当中提炼出聚合物后，它才得到大规模应用。第一种塑料制品是由充满好奇心的利奥·贝克兰（Leo Baekeland）发明的，当时它被称为"胶木"。继现代第一款人工合成塑料之后，一系列为人熟知的塑料品种便相继出现，包括聚苯乙烯、聚酯、聚氯乙烯（PVC）、聚乙烯、尼龙和聚对苯二甲酸乙二醇酯（PET），不胜枚举。

利奥·贝克兰的故事为我们演绎了一个典型的美国梦成真的故事：一位来到美国的移民，经过奋斗，拥有了属于自己的财富。贝克兰于 19 世纪中叶出生在比利时，1889 年前往纽约，学习化学。在完成学业后，他决定留在美国。

作为发明家的贝克兰在摄影领域的一项发明（一种胶卷）被以 75 万美元的惊人价格卖给了伊士曼柯达公司（Eastman Kodak），让他就此获得巨额财富。这个数额的现金在如今仍属巨款，可以想象在 1898 年，这笔钱意味着怎样的财富！

此后，贝克兰让自己的创新大脑专注于人造虫胶①的制造。当时，制造虫胶的唯一方法就是提取出雌性胶虫分泌的树脂，然后将其溶解到乙醇中。这种方法不仅耗时费力，而且成本高昂。我们当然需要寻找更好的解决方法。在这个鼓励创新的时代，贝克兰开始着手研究这一课题。

在探索人造虫胶制造工艺的过程中，贝克兰出现了多次误判切入点的源头性错误。在历经种种失败和一次次犯错之后，他终于在无意间制造出一种聚合物。这种聚合物经过扭压后会成为一种坚硬的可塑材料，即塑料，贝克兰称其为胶木。很快，胶木得到了广泛应用。

---

① 虫胶是昆虫分泌的胶汁所凝成的物质，用作工业原料。

就像对待自己的摄影发明一样，贝克兰再次出售了胶木专利，只不过这一次卖给了美国联合碳化物与碳公司，现在该公司简称为美国联碳公司。正是这家联碳公司，后来聘用了罗吉尔·培根 (Roger Bacon)，也就是于 1959 年发明碳纤维的著名发明家（参见第 2 章）。

接下来的事情则再次提醒我们应该时刻牢记，时机决定着一切。事实上，同时代专注于虫胶研究的发明家并不只有贝克兰一人，也并非只有他在不断尝试将各种有机化学品结合到一起，以寻找新型化合物和树脂。英国发明家詹姆斯·斯温伯恩（James Swinburne）也在研究类似的问题，而且他也同样发现了塑料，只不过在申请专利时比贝克兰晚了一天而已！

塑料几乎在所有领域均得到广泛应用，正如我们对石墨烯的设想一样。我们用聚对苯二甲酸乙烯制成的瓶子喝水；我们穿着尼龙和聚酯纤维制成的服装，开着配备各种塑料部件的汽车；我们乘坐的飞机上装有塑料的舱顶行李箱；我们日常使用的收音机、电视和电脑则全部采用流线型的塑料外壳。

需要携带食品和其他杂货时，我们更是离不开无处不在的塑料袋（同时也对环境造成了破坏——由于塑料破坏力巨大，美国的一些州甚至规定，公民每次在杂货店内购买新的塑料袋都需要交税）。我们使用的笔也是塑料制品；家用电器中的零部件，即使不是全部，也绝大多数由塑料制成的。塑料齿轮取代了我们用在玻璃雨刷、家用搅拌机和手持电钻中的金属齿轮。当然，整个夏天里，我们总会坐在那些并不舒适的白色塑料草坪椅上。

欧洲塑料制造商协会（European Association of Plastics Manufacturers）的一组有趣的统计数据显示：2014 年，欧洲建筑与建造行业共计使用了超过 960 万吨塑料。塑料的应用领域包括保温、管道和窗框，此外还包括烟雾探测器、烟雾报警器、电插座的保护盖、照明设备的外壳等。

据世界观察研究所（Worldwatch Institute）统计，2013 年的塑料制品生产总量高达 2.99 亿吨，创造收入 6 000 亿美元，北美和欧洲地区的人均塑料制品消费量达到每年近 100 千克。在中国和印度，塑料制品的使用量正在迅速增加，因此，科学家预计世界范围内的塑料使用量仍将继续攀升。那会是多少塑料制品的用量呢？每年大约 1 000 亿磅 [①]！2013 年，中国共生产了 1 075 亿磅的塑料和树脂制品，比上一年的 1 059 亿磅还多。你可以想象一下塑料无处不在的样子，而石墨烯也将如此。

现在，让我们回头来看石墨烯。它会像塑料、激光、微处理器和卫星一样，真正改变世界吗？还是会走冷核聚变和高温超导体的老路？时间肯定会告诉我们答案，只不过，如果你相信头条新闻和全球各地发表的大量科研论文，答案似乎是，石墨烯将与激光和互联网一样应用广泛。我们还有另外一个理由来支撑这一判断。石墨烯作为一种材料，似乎可以应用于人类的一切活动领域：电子、建筑材料、光学、文娱活动与相关设备、交通、能源，甚至太空探索。

如果你手中拥有一种重量极轻，灵活柔韧，不易折损，摩擦力小且使用寿命很长的材料，你会拿它用来做什么？

让我们先来看这个问题中提及的最后一条优点。为什么各种材料会随着使用时间的延长而出现损耗？遇到这种情况，谁又会不沮丧呢？比如你最喜欢的牛仔裤因穿着时间长，面料变得稀疏，甚至出现小洞的时候；或者当你的厨房搅拌机最终无法启动，原本用于调整马达速度和搅拌强度的齿轮因长期磨损而彻底断裂的时候。在我买过的车里，不止一辆最终因为变速器的老化而报废。随着时间的推移，摩擦会造成损耗，传动装置自然就会失效。

---

① 1 磅约为 0.45 千克。

为了理解石墨烯如何能够缓解这一问题,我们首先需要深入了解摩擦是如何产生的以及为什么会产生。当两个表面相互摩擦时,实际的接触点只有纳米大小——只不过是在几个原子间产生摩擦。而当表面突起物的硬度大致处于平均水平时,摩擦力最大。也就是说,当突起物既不太软,也不太硬时,摩擦力最大——两种极端情况都可以减少相对摩擦力。

造成摩擦的根本原因相当复杂,既要考虑表面的粗糙度,又要考虑材料形状的微小变化和表面的污染情况。有关摩擦的研究被称为摩擦学,属于材料科学中一个非常专业的领域。

在出现摩擦时,运动表面间产生的能量将转化为热能(高温),从而导致一些有趣或潜在的破坏性结果。童子军不都应当学会用两根木棒来摩擦生火吗?在电影《荒岛余生》(Castaway)中,汤姆·汉克斯(Tom Hanks)就学会了这种生火方式。

以现代生活场景为例,汽车发动机内的活动部件以及驾驶过程中此类部件相互摩擦产生的热量,是我们使用机油和冷却系统的主要原因。如果不进行润滑和冷却,发动机产生的热量将迅速损毁发动机,还有可能致使汽车起火。然而,尽管我们添加了最好的润滑剂,但发动机内部的摩擦仍会造成材料损坏,让我们不得不更换发动机。类似的例子还有许多,我就不再一一列举,相信你已经明白了其中的道理。

石墨烯正好可以针对上述问题发挥重要作用。我们几乎可将它应用于所有需要减少摩擦力的地方。我们现在已了解石墨烯具有超高强度,但这种原子级厚度的材料必须在不存在任何缺陷的情况下才能拥有这种特性。也就是说,这种材料不能存在任何表面光洁度的问题,同时必须杜绝表面污染。如果我们可以用石墨烯精准制造出所需形状,那么造成摩擦的主要原因便可消除。

石墨烯涂料现已应用于小型机械部件，不仅能够显著提高部件的使用寿命，而且几乎能够避免无效热量因摩擦产生。不仅如此。当石墨烯应用于微型机械时，我们可以在石墨烯涂层中有选择性地添加杂质，以实现原子级的校准。这样一来，我们在指定的运动方向上几乎可以彻底避免摩擦产生，同时让其他方向上的运动仍能产生摩擦。这种被动的自我校准方案已通过实验室测试。

当然，我们还需要解决磨损的问题。有时候你只想减轻磨损程度，却并不想大幅减少摩擦；汽车轮胎就属于这种情况。轮胎的质量等级是根据最大行驶里程来进行划分的，也就是说，我们要知道的是，在轮胎彻底磨损且需要更换之前，平均能够行驶多少英里。

现在的轮胎产品的平均行驶里程通常在 40 000 至 90 000 英里之间。一般而言，行驶里程长的轮胎往往比行驶里程短的轮胎更硬实、坚固；行驶里程短的轮胎则通常较柔软，具有良好的抓地力，而抓地力正是摩擦产生的有益作用。

我们可能没有用石墨烯来制造整个轮胎的计划，而仅仅利用石墨烯覆盖轮胎外层则更没有意义，这么做反而会让轮胎存在抓地力不足的风险。试想，谁愿意在摩擦力极低的冰面上驾驶汽车？

基于上述原因，制造商们仅在轮胎中加入石墨烯薄片，以提升耐磨性和强度，同时避免影响性能。要想设计出使用寿命长、性能高的轮胎，我们不能仅仅简单调整材料硬度和强度。其他相关的重要因素还包括轮胎的尺寸、宽度、胎面纹理与深度，以及胎压。拥有了像石墨烯这样重量更轻、强度更大且摩擦力灵活可控的材料，我们就能较为方便地对轮胎的相关性能进行调整，如同设计师的工具箱里多了一件得心应手的工具。

除了摩擦力小之外，石墨烯还拥有另外一项革命性的应用价值——用其制造出来的物品和设备不易断裂或损毁。鉴于石墨烯材料固有的极高强度（参见第 5 章），相关应用可能存在无限前景。

你最近一次将自己最喜欢的陶瓷咖啡杯打碎或磕出一个缺口是在什么时候？当路过的大卡车上碎石飞溅，把你新车上的漆划坏时，心情是不是糟糕透了？还记得上次你把手机掉在地上，屏幕都摔碎了吗？还有，我们总会碰到这样的情况：只不过想简单换个塑料水管，结果管子拧得过紧，我们只能把它剥开或者剪断。实在是再也不想遇到这样的事了。但富含石墨烯的涂料或积聚了多层石墨烯的材料将会产生至今仍难以想象的抗断裂性能。

现如今，各种产品提升强度和抗断裂性能的方法之一就是加大产品的体积：增加塑料或木板的厚度，使其不易破裂；通过加大密度来提升材料的强度；附加梁木或固件来分担材料在使用过程中承受的压力。

这些解决办法都会产生一个共同的副作用——在提升强度的同时，也增加物体的重量，这会导致一个严重的问题。人们都希望拥有一部摔不坏的手机，但他们是否愿意为了实现这个功能而随身携带一部像板砖那么大的手机呢？在某些部位使用密度更大的材料通常会使安全性得到提升。然而车身的重量一旦增加，燃油的经济性便会下降。只要使用石墨烯代替传统的设备强化方法，我们就可以在使物品更加坚固的同时使物品的重量更轻。

无论是并未发生实质性损毁的汽车引擎和轮胎，已经想要丢掉的鞋子，还是无需因日常磨损而频繁维护的机械设备、被置于门前或其他频繁踩踏区域却尚未出现秃斑的地毯，石墨烯几乎都可以改善它们的耐用性能。

接下来，我们再看看石墨烯"极其轻便和柔韧"的特性。正是基于这种特性，人们才对石墨烯所具有的颠覆性的潜力产生种种极大期待。

石墨烯是由排列在平面上的单层原子构成的，不仅非常纤薄，而且就其尺寸而言强度极高。这也就意味着，石墨烯可经弯折、卷曲、折叠处理，塑造出任何你能想象的形状。

石墨烯材料不仅能被拉伸至原尺寸的120%而不发生断裂，还能够轻松恢复到初始状态。除此之外，石墨烯可将投射到材料上的98%的可见光传输出去。也就是说，你手中的材料不仅轻便、柔韧、可导电，而且几乎是隐形的，哇哦。许多应用，尤其是那些所需功能与计算机差不多的应用，肯定要比单片原子层厚，但厚度也不会相差很多。在这种情况下，石墨烯仍可保持柔韧和透明的特性。既然如此，你会利用这种材料做什么呢？

首先，我们的智能应用可能很快就会从现在的智能手机和智能手表过渡到戴在手腕上的集成设备，而且这种设备佩戴起来极其简单方便，就像嘉年华和玩具店里非常流行的啪啪圈一样。在餐桌或书桌上，你可以使用手机大小的电脑，也可以使用任何平板或手机来查询电子邮件，回复最新的推特或脸书帖子，了解体育赛事的比分。当需要出门的时候，你可以随时拿起设备，啪一声将它扣在自己手腕上，以便随身携带、随时使用。

按照这种思路，我们为什么要将应用领域局限于小型设备呢？难道你不想在客厅的整面墙壁上安装一块透明的、石墨烯材质的电视或电脑屏幕吗？它们能够在待机时完全隐形，到了启动时才现身。

在真正像《星际迷航》（Star Trek）里面那样的全息甲板技术完全成熟以前，我们可以先摆脱虚拟现实眼镜的束缚，利用四面均装有石墨烯投影仪的房间，从视觉上做到想去哪里便去哪里：只要谷歌和苹果地图持续在全球各地拍摄高清图片，我们就能穿越科罗拉多大峡谷或深邃的太空，漫步梵蒂冈，或者前往世界地图上标记的任意地点逛一圈。想象一下此项技术在员工培训、犯罪现场侦察和旅游业中的广阔的应用前景吧。

　　不要忘记轻便灵活也意味着良好的移动性能。如上所述，使用了石墨烯作为材料的薄膜电脑可在隐形状态下覆盖车窗玻璃，从而为即将实现自动驾驶功能的汽车提供地图和实时路况报告，帮助驾驶员在纽约和洛杉矶或任何两地间行车时选择最佳路线。

　　这种柔性屏还可以嵌入到我们穿着的服装当中，使我们可以瞬间将衬衫由蓝色变成红色，或在周六晚上的社交活动中呈现出独特的配色，以便彰显个性。例如，你原本在阴天出来散步，走着走着太阳出来了，你就可以把衬衫从黑色调整为白色，避免衬衫过度吸热。你甚至还可以把自己变成一个移动的广告牌，在经过人流密集的街道去吃午餐时为自己的生意做宣传。

　　说到以石墨烯薄片为材质的计算机类应用，怎么能不提及可与隐形眼镜相结合的微型嵌入式电脑？我们可以利用抬头显示技术，随时将需要查询的信息展现在自己眼前。在枯燥的商务会议中，这项技术能够将我们做白日梦的境界提升至一个全新的高度。

　　上述这些应用又不由得让人联想到石墨烯的另外两大特性：高导电性和热稳定性。这两种性能同样使石墨烯用途广泛，可实现极具颠覆性的应用创新。

　　石墨烯是一种由碳构成的单层材料，因此电阻率比铜还要低得多。该性能可使电动设备的运行更加高效。由于被转化为无效热能的电力较少，电能更易从设备的一个部件传导至另一个部件。其效率的提升变成了商用电子产业追求的圣杯，即电池寿命的延长。然而，将笨重的化学电池的使用寿命延长后，我们便就此满足了吗？事实证明，石墨烯还可以用来提升另一种储能设备的效率和性能，那就是电容器。

　　石墨烯的电性能及其前景十分广阔。所以我们才利用第 6 章全章来探讨这一课题。

第 8 章
从实验室到市场，
石墨烯的应用之路为何如此艰辛？

你也许的确拥有人类发现火种以来最好的材料、想法或技术，但是除非你能说服潜在的用户或客户相信你提供的工具（不管什么原因）就是比他们目前使用的工具更好，否则人家还是不会采用。

同理，要想将石墨烯制成的产品送到普通消费者手中，也绝非易事。除了制造、营销及配售新产品或改造产品常见的障碍外，石墨烯产品所面临的其他困难包括：创建和维护原材料供应链、与拥有牢固客户基础的技术展开竞争，以及应对不可避免的法律问题。当然啦，懦弱胆小者不可能成为踏入勇敢者新世界的第一人！

来自经济学定律的狙击

我们先来看看电动汽车。发达国家已经可以满足为混合动力车充电的需求。虽然目前采用的电池仍然庞大和笨重，但依旧使电动车的普及具备了可能性。只不过蓄电池的存储容量使得行驶里程受到限制，这仍是阻碍电动汽车发展的重要缺陷。

要想驾驶电动汽车进行长途行驶，我们至少需要具备以下两个条件中的一个：便捷、实惠、分布广泛的充电站，方便随时停车，快速充电；或者实惠且广泛分布的换电站，可以在需要时将用完的电池迅速替换为已充满电的电池——就像现在停车加油一样快捷方便。由于这两个前提条件目前都无法实现，因此电动汽车仍然很少见，而且大多数只在本地行驶。驾驶电动汽车在全国范围内进行长途旅行还不现实。

石墨烯的前景面临着类似的问题。成千上万的专利申请涉及上千个不同的领域，因此可能制造出成千上万的创新产品。目前，石墨烯的制造难度仍然很大（参见第 4 章），在被广泛应用之前，石墨烯必须兑现市场预期，提供比现有技术更高的效益或者更低的价格。此外，石墨烯还须在顾客指定时间内保质保量地实现大批量供货。我们现在就像驾驶纯电动汽车的司机，发现自己需要从纽约开到西雅图，但由于沿途缺少电动汽车服务站而无法完成这样的旅程。

石墨烯生产的现状如何呢？随着世界各地的公司纷纷加入石墨烯生产大军，且生产石墨烯的新方法仍在以惊人的速度不断涌现，目前来看，似乎我们确实有可能在几年内实现石墨烯的大规模生产。部分企业仍将专注于小批量、定制化的石墨烯生产（如生产出长度在毫米至厘米间，甚至更短的石墨烯薄片），这种石墨烯可用作添加剂或与其他材料结合使用。要想真正达到实用且能够产生效益的阶段，石墨烯的年产量至少需要超过数千吨。

其他企业则会选择利用原矿或将 CVD 技术与外延生长法相结合，来生产单层或数层堆叠的石墨烯薄片。这种情况下，业内无法确立石墨烯的标准化或理想化规格（尺寸或面积）。由于生产活动完全由客户需求驱动，所以企业很可能需要制造不同大小的石墨烯薄片，其每年总产量叠加起来的面积可超过 100 万平方米。

另外一项不得不考虑的因素是成本。如果按照最初发现石墨烯时采用的方法对石墨烯进行批量化生产，我们将耗费大量的人力（因此也将成本高昂），同时这种材料也将永远难以脱离学术探索的小圈子。

如果石墨烯仿照多数其他工业材料的发展历程逐步规模化，那么前期生产必然成本昂贵，且只能满足小众应用。第一批铝制品的生产就是最好的前车之鉴。

我们目前正处于"披上石墨烯涂层便可化身御用宝器"的阶段，因此在现在这个时候，我们还可以凭借石墨烯优异的性能或新颖独特的概念将其卖个高价。这就是最基础的供需原理。

当需求确定，供给不足时，价格上升；如果原材料成本居高不下，那么石墨烯强化产品无论属于什么品种，都必须以更高的价格出售，这样生产商才能收回原材料和人工成本。随着商业化生产的增加，越来越多的生产商进入市场，竞争的优点开始显现：原材料成本被拉低，终端用户随之受益。

我们再来看看化石燃料。不管你对水力压裂法（或破碎法）引发的环境问题持什么立场，现在的事实仍然是，这项技术的发展极大地改变了化石燃料产业，使美国再次成为世界上最大的化石燃料生产国之一。让我们简单回顾一下水力压裂技术：通过向含有或包围着气藏和油藏的岩石注入加压液体，使岩石崩裂，便可令原本难以获取的石油和天然气等更加自由地流动起来。

水力压裂法成本巨大，只有当化石燃料的价格高到完全可弥补开采、加工及交付燃料产品的成本，且只将该技术用在开采时，它才具有合理的经济意义。几年前，当油价达到每桶 100 美元大关时，情况就是如此。

美国的化石燃料产量不断上升，直至全球燃料供大于求，致使价格急剧下跌。对于学过经济学的人来说，这种现象并不令人惊讶。突然之间，许多压裂井的化石燃料的开采成本超过了它的售价。业内不再增产，工人纷纷下岗，产量趋于稳定，只有等到下一次需求激增，水力压裂技术才能再次实现盈利。

这与石墨烯有何关系？据当前预测，社会对石墨烯的需求量很高。面对每年成千上万新型石墨烯应用专利的申请，全球石墨烯产量仅可勉强满足实验室研究人员的需求，商用市场根本无从谈起，因此高质量的石墨烯产品价格相当高。

如果基于石墨烯生产的"杀手级应用"被发明出来（即一款需求巨大，因而可实现盈利的产品），那么我们便会迎来一场批量化生产的竞赛，以满足这一需求。一旦产量增加，特别是出现很多供应商后，每单位（每克或每平方米）的石墨烯产品的价格就会下降，此时经济学定律无疑会开始发挥作用——一个强大的商业市场将就此形成。

对于石墨烯而言，哈伯-博施法（Haber-Bosch process）的发展历程就是历史上一个极好的可以参照的先例。如果没有廉价而充足的氮元素供应，那么现代化的大规模农业将是不可能实现的。氮能够使植物健康生长，同时也是各种肥料的主要成分。这一原理早在150多年前就已经广为人知，且成为欧洲工业化国家寻找人工氮源的重要推动力。那些国家寻找人工氮源的目的就是增加农作物产量，养活不断增长的人口。（当时那些地方还只有四处散布的牛粪。）

1898年，英国科学进步协会主席威廉·克鲁克斯（William Crooks）向欧洲的科学家们发出挑战，希望他们能够研发出一种用工业化生产方法来制造氮肥的方式，以满足农业领域所需的大规模生产和应用。接着，这引发了一个关于工业机密的故事，继而卷入了一场世界大战，当然还有一个诺贝尔奖。

1909年，在挑战发起10年后，一位名叫弗里茨·哈伯（Fritz Haber）的德国科学家找到了一种方法，能将氮和氢在高压高温下合成氨。另一位德国科学家卡尔·博施（Carl Bosch）后来以新发现的化学方法为基础，又找到了大规模生产氨的方法。

当时，在威廉·奥斯特瓦尔德（Wilhelm Ostwald）的研究基础上，科学家们已掌握了如何将氨转化为肥料的方法，因此哈伯的制造工艺已成为工业化肥料生产谜题中缺失的唯一一片拼图。只不过最后他们遇到了一个小问题——第一次世界大战开始了。

在这场席卷欧洲的血腥战争中，德国与英国展开了较量。在这一较量中，现代社会的典型一幕上演了，用于制造肥料的工业化生产工艺被转而用来生产肥料的近亲——炸药。那时，哈伯-博施法不仅成为工业/商业机密，同时还是军事机密。

德国战败后，哈伯-博施法被公布并开始在世界范围内广泛采用。就在短短几年后的1920年，哈伯因发现制造氨所需的化学过程而被授予诺贝尔奖。1932年，卡尔·博施和弗雷德里克·伯吉斯（Frederick Bergius）因成功解决哈伯-博施法所需的高压技术，同样荣获诺贝尔奖。

如今，每周的全球氨产量已超过200万吨，其中绝大多数被用于肥料生产。很有可能，你在阅读本章之前吃的那一餐的食材，其生长过程中就用到了哈伯-博施法制造的氨肥。

旧材料有效，而且我们用过

假设你是某种商业化产品（比如网球鞋）的制造商，需要选择持久耐用的材料。你已经拥有一整套现成的生产、销售、分销和财务计划，而且你必须达到计划中的各个阶段性目标，才能保持企业的盈利和偿付能力。而这些阶段性目标可能直接关系着你的种种期望：销售额、总收入、股票分红或股价。这一切都有赖于需求的上升、供给的充足、既让卖方有利可图又让买方负担得起的单位成本。

因此最新款网球鞋设计可以考虑使用石墨烯材质，达到更加经久耐用的目的。另外，由于这种鞋子采用的是石墨烯复合材料，而非纯石墨烯，所以与市面上的其他网球鞋相比，它能让穿着者体验到更好的抓地力。

要想明年圣诞节前在商店里出售这款鞋，你还需要提前 10 ~ 12 个月开始生产，并且在这个时候就开始筹备相关营销活动（纸媒、网络、广播和店内广告）。

如果没能与一家信誉可靠的供货商签订合同，确保该供货商能够按照你的生产计划和品质要求供货，你还敢冒险推行自己的商业计划吗？供货商的信誉究竟如何？他们是否曾为其他客户生产过类似产品，并保持着相近的供货量？你可与该供货商的其他客户进行确认，了解该供货商过去是否能够如约履行自己的义务。你还可以去了解一下网球鞋制造商面临的种种困境，以便确定市场是否足以支撑现有制造商准备上市的产品。

毕竟只有当消费者需要使用某种产品时，这种产品才有可能谈得上颠覆性和广泛适用性，或者说才算得上是有用的产品。上述结论看似显而易见，而实际在商业世界中，正是这些具体的细节、最终的成本和利益的权衡直接决定着市场将广泛采用石墨烯，还是彻底放弃石墨烯。面对诸多被大肆炒作的石墨烯应用和产品，最终结论尚未确定。

由于大规模生产成本合理的石墨烯材料具有较大的不确定性，且目前仍无法得到解决，正在从事盈利产品生产的制造商又怎么可能放弃已得到时间证明的成熟供应链和生产工艺，为了一个无法预知的边际收益，转而去使用新型材料呢？企业会一直沿用现有材料、采用最保险的生产工艺，直至成本合理的石墨烯供给进入成熟阶段吗？除非受到外部力量的推动（例如石墨烯的颠覆性潜力），否则公司将依照当前方向，继续保持目前的生产方式。这在科学家那里听起来像极了牛顿第一运动定律。

公司毕竟已有现成的客户基础、现成的生产成本模型，工人也是按照当前生产方式进行培训的，供货商同样早已习惯于满足企业的现有需求。石墨烯的远大前景真的足以颠覆这一切吗？这些都是石墨烯供应商在开创属于自己的市场空间时，不得不回答的问题。

在职业生涯的大部分时间里，我（作者约翰逊）一直在为NASA工作，因而对这种企业惰性体会深刻。向任何目的地发送机器人航天器都是难度极大且成本高昂的。虽然现在发射成本有所下降，但没有数百万美元的投入，我们仍然不可能执行任何太空任务。

认识到这一点之后，你就会知道，为太空任务提供资金支持的客户（个人、政府或公司）必定希望航天器拥有尽可能高的成功率。没有谁会花费数百万美元，却不在意结果成功还是失败。

为了确保成功，负责为该任务设计硬件的团队成员必然会认真研究需求，然后确定自己的设计方案，并选择任务所需的部件。成本最低、风险最小的方法自然是选择符合航天级品质要求且在过去曾成功完成飞行任务的硬件。即使本次任务是要把一个全新的、从未使用过的望远镜或传感器送上太空，科学家为其配套的支持设备也必须尽可能可靠。为了进一步说明我的观点，我们就来假设，我们要把一种新型的望远镜送上月球。

对此，我们的首要目标是确保正常运行的望远镜能够被送往月球。为了达到这个目的，我们会选择利用以前曾成功完成发射任务的火箭。为什么？因为，参照过往新型火箭的发射历史，大多数火箭的首次发射均以惨痛的失败告终。谁也不想在执行任务时，冒险选用未经考验的新型火箭，即使它能节省 50% 的发射成本。也正因如此，至少在最初的几次飞行中，太空探索技术公司（SpaceX）和蓝色起源（Blue Origin）等太空发射业务的新来者必须自筹资金。

多数宇宙飞船的支持系统也面临着相同的问题。选择什么样的无线电设备？当然是我们以前用过的，即使它的数据速率差强人意，因为尽管我们获取数据的速度慢了一点，但总比冒险使用一台高性能的新型无线电设备，却面临系统故障、无法取回任何数据要好得多。计算机系统呢？当然还是选用经过多次飞行考验的设计版本，即使其架构仍属于智能手机发明之前的商用版本。为什么？因为它有效，而且我们以前用过。

那么推进系统的选择呢？我们是否可以采用一种高性能的新型电力或太阳能推进系统，帮助我们以更快的速度到达目的地，同时节省电力和燃料？不行，太危险啦。此类系统在外太空的飞行时间有限，我们甚至没有充足的数据来真正了解其可靠性，所以我们仍要选用 20 世纪 70 年代设计的化学火箭，因为我们已经成功发射过数百枚这样的火箭，十分清楚它们是安全可靠的。

类似情况还有很多、很多。最终，我们通常在飞行任务中采用的唯一新技术就是望远镜。你猜结果怎么样？通常的情况是效果极佳，客户非常满意。如果客户满意，他们未来将会成为回头客，给我们带来更多业务，而且这个过程还会不断重复。最终，其实很难有哪项新技术被实际采用，而该领域的进展也必然是循序渐进的。（有关石墨烯在太空应用领域的更多信息，请参阅第 9 章。）

下面先将太空应用放到一边，再回到石墨烯。我们应当质疑的是，我们的客户是否愿意放弃行之有效的方法，去尝试一些效果更好的新东西。经验表明，除非潜在回报（利润）极高，值得承担额外的风险，否则客户不愿尝试。实际上这也就意味着我们更有可能看到年轻企业或初创公司从事新型石墨烯产品的生产，而任何已拥有某行业龙头地位的企业则较少参与其中。

这是一场专利之战

石墨烯可能在被"发现"之前就早已存在，但这并不意味着石墨烯的制造方法或者我们可能找到的无数应用方法都是全面公开且易于获取的。根据英国知识产权局对专利申请的分析，涉及石墨烯的专利申请数量保持着逐年上升的势头（图8-1）。

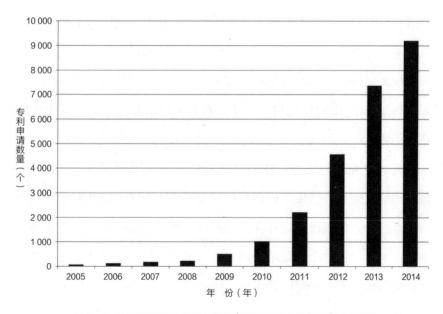

图8-1　涉及石墨烯的专利申请数量逐年递增（英国知识产权局）

很难想象，在制造和销售新产品的过程中，有谁能够在这片名副其实的专利海洋中畅行无阻，完全避免侵犯他人的合法权益。专利侵权诉讼是再常见不过的事情，可以追溯到最初的创新时代。几个世纪以来，西方法律体系一直将知识产权奉为神圣不可侵犯的禁地，制定了各种方法来保护创新者的发明不会被无耻窃取。我们就以美国最著名的发明家托马斯·爱迪生为例来说明这一点。

爱迪生因在美国申请专利的数量超过 1 000 项而闻名于世，而他在世界范围内拥有的专利数量也不会少于这个数目。其中最广为人知的发明包括白炽灯、留声机和电影摄影机。而实际上，爱迪生或他的员工还申请过许多其他专利，只不过这些专利未能得到广泛应用而已。爱迪生通过向他人出售专利来筹集资金，支持自己的实验室，并坚决起诉那些试图侵犯自己知识产权的人。

我认为，用"防御性专利"这个词来形容爱迪生的专利理念较为合适。对于一些自己无意转化成实际产品但其他人可能乐于转化的创新技术，爱迪生也会申请专利，这样他就可以通过向对方出售专利权获取报酬。然而，他的竞争对手之一——乔治·威斯汀豪斯（George Westinghouse）则同样凭借专利法，在发电领域确立了优于爱迪生的竞争优势。

爱迪生确信直流电（DC）是使全世界实现电气化的根本路径。他利用直流电和自己发明的白炽灯照亮了整个街区，以此展示直流电的神奇之处。但直流电也存在其局限性，使用直流电的地方不能与发电站距离过远，这个问题至今尚未得到解决。爱迪生很清楚它的严重性，所以聘用了一位聪明的年轻发明家尼古拉·特斯拉（Tesla）来解决问题。

特斯拉不辱使命。他向爱迪生建议采用交流电（AC）。如此一来，他们就可以在损耗最小的前提下，实现电能的远距离传输。虽然我们对事件的具体细节并不清楚，但爱迪生显然拒绝了这一提议，并解雇了年轻的特斯拉。随后，特斯拉提交了自己的专利申请（明智之举），试图筹集资金启动自己的电气化业务。特斯拉的发明引起了乔治·威斯汀豪斯的注意，他购买了特斯拉的专利并开始打造自己的发电系统。

爱迪生和威斯汀豪斯这两位伟大发明家之间的激烈竞争持续多年，最终威斯汀豪斯占据上风。现在你我家中采用的都是交流电。爱迪生和特斯拉之间的创造力之争同样颇具传奇色彩，至今仍有许多人在争论"谁更具创造力"。

特别值得我们关注的一点是，交流电的发明人并不是威斯汀豪斯，而是特斯拉。只不过西屋电气关注到了这个极具创新力的好项目，并（通过购买专利）买入了这项创新技术，最终帮助发明者将该专利由想法转化为现实。这一过程展现了整套专利体系的理想运作模式。然而，在现实的法律世界里，有时事情的发展并不总是如此顺畅。

全球最大的两家智能手机制造商三星电子（Samsung Electronics Co.）和苹果公司（Apple Inc.）至今仍存在法律纠纷。主要分歧聚焦于巨大的利润划分和整个智能手机行业的控制权花落谁家。

作为第一部智能手机的发明者，苹果公司拥有独特的操作系统，并声称自己对诸多设计功能拥有知识产权，这在苹果公司的专利申请中早已注明。例如，苹果公司为 iPhone 的基本外形、图形用户界面（计算机应用程序等）及其他一些功能均申请了专利。当然，三星则反诉称，苹果侵犯了自己特有的一些设计功能。

双方在美国、韩国、德国等许多国家的法院都提起了诉讼。两家公司都在积极争取赢得某法院的有利裁决，以获取各自在全球的专利权案件中的优势。于是，各种诉讼、反诉、判决、上诉和新的诉讼不断出现。

两家公司之所以能够长期坚持诉讼之路，原因完全在于其庞大的企业规模。丰厚利润源源不断地增强企业财力，足以支撑法律团队的资金需求。如果这些专利中有任何一项是由独资企业或小型企业申请的，那么此类企业在应对如此大规模的法律攻击时几乎没有任何胜算。

再来看今天正在上演的石墨烯专利热潮。许多大学、公司、研究实验室和个人都在石墨烯的制造、应用和改造方法上不断创新，而且，其中许多创新思路及其预测能够应用的领域，至今仍远未达到实用阶段。

基于上面总结的过往专利侵权案件，专利申请初看完全合乎逻辑。当你拥有一项创新思路时，为了防止他人窃取，你便申请专利，希望在有人侵犯你的权益时，可借助法律来行使自己的专利权。

如果你的创新产品处于即将面世的阶段，这种方法可能是有意义的，但在基础研究领域和我们所说的"创意阶段"，这种做法的意义就没有那么大了。所有的专利和侵权诉讼，以及旷日持久的法律纠纷，可能只会大大延缓石墨烯产品的市场普及时间，若非如此，石墨烯产品只会发展得更快。

1980 年以前，美国各所大学的许多创新发明均未正式申请专利。研究型大学主要致力于提高人类的认知水平，培养学生成为下一代创新人才。毕竟，多数大学都是由纳税人资助的，大学院校及其职工怎能利用公共开支谋取利益呢？然而，这种现象在 1980 年发生了根本性变化，根据当时新颁布的一项联邦法律，大学可以拥有联邦政府资助的研究项目的专利权。这项法律规定改变了一切。

大学开始纷纷设立技术转让办公室，负责监管创新技术的专利事宜，并通过授权协议或成立合伙企业等形式，协助完成让专利技术脱离大学、转移到企业的过程。至此，大学的科研工作不再是单纯地将最新发现撰写成文，然后发表到学术期刊上，而是开始考虑每项成果的商业潜力和学校的盈利空间。据《纽约时报》报道，受到联邦政府

资助的研究型大学每年可收取大约 20 亿美元的专利收入，并签署超过
4 000 项的专利授权协议。

你认为这会影响大学对研究经费的分配吗？当然啦！不仅如此，
这种变化还导致有关技术商业化的法律难题更加复杂。现在我们看到，
由联邦政府资助的大学可对外出售知识产权，而他们实现科研成果并
申请专利的研究项目都是由公共资金赞助的，然后这些院校又在此类
专利权受到侵害时，用纳税人的钱请来律师全力展开维权活动。

而在石墨烯领域，这种现状更有可能带来大问题。为什么？因为
严格来说，现在石墨烯应用中的许多正在申请专利的项目仍只拥有概
念，不具有实用性。它们仅处于"创意"阶段，我们还缺乏完备的技
术将其转变为现实。在过去，这种创意通常处于公开状态，不受保护，
所有人都可以对其进行了解和评估。直到建立在这个创意上的实际工
具或设备被发明出来，相关人员才能完成专利申请，并据此得到保护。

石墨烯的发展也要遵循供需规律，这一规律决定着全球市场中所
有产品的生产成本和有效期。任何革命性的石墨烯产品要想取得成功，
都必须攻克生产难关（数量和成本）、市场惰性（现有技术和产品的替
换成本）与法律纠纷（专利和知识产权）三大障碍。伴随着如此巨大
的资金投入，攻克三大障碍的全球竞赛已广泛展开。在充足资金的支
持下，这场竞赛的进展速度非常惊人。

第四部分

未来黑科技已来？

将可编程材料的特有功能与石墨烯及类似材料在力学、电学和结构方面表现出的惊人性能相结合，我们可能很快就会亲历一次文化的终结。

第9章
太空中的石墨烯

NASA 在太空中发现了天然石墨烯。就在我们潜心研究如何制造并利用石墨烯探索太空时，大自然已经在太空中为我们准备好了新的发现。

NASA 的斯皮策太空望远镜是与哈勃太空望远镜拥有同等地位的观测设备，主要用于观测宇宙的红外光，而非可见光。2011 年，斯皮策太空望远镜在包含了化学性质的天然的巴克球[①]中（图 9-1）发现了疑似天然形成的石墨烯薄片，这个巴克球位于紧挨我们银河系外侧的小型伴星系[②]——麦哲伦星云内。

科学家在此类各种星云中均发现了石墨烯，这就意味着天然石墨烯很可能在我们太阳系形成时就已存在。我们是否可以将这些石墨烯薄片的形成看成堪萨斯州立大学用爆炸法制备石墨烯？我们将研究石墨烯如何能够帮助我们探索太空。也许有一天，人类探索者会亲自收集到天然形成的外太空石墨烯样本。

---

① 巴克球即 C60 分子，是一种由 60 个碳原子构成的分子，形似足球。天文学家说，巴克球可能在宇宙中随处可见，甚至可能是邮寄分子的来源、生命的起源和衍化的关键。
② 对于双重星系，人们把较大的叫作主星系，较小的称为伴星系。

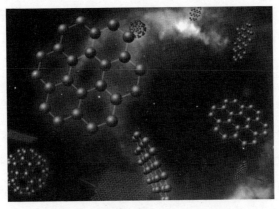

图 9-1　艺术家畅想天然石墨烯在太空中的形态（NASA）

与航天仪器合为一体的未来宇宙飞船

太空探索受到的限制因素众多，但其中最关键的是质量。航天器的质量越大，从一个地方转移到另一个地方的难度越大（主要关乎成本和技术）。原因很简单：力 = 质量 × 加速度，也就是 $F = ma$，这是牛顿第二定律，也是最基本的物理方程式之一。简而言之，有一个给定的力 F，一个给定的质量 m，我们就能计算出物体拥有的加速度 a。由于物体必须经过加速才能从一个地方移动到另一个地方，因此我们需要施加某种作用力使其移动起来。作用力必须随着物体质量的增加而增加，否则加速度就会变小，致使物体无法快速抵达目的地。正是这一问题导致我们对太空的探索范围仅局限于较近的区域。

信不信由你，现代宇宙飞船通常并未采用科学家们在实验室里已开发的最新型、优异的材料。不，负责执行太空任务的设计师们一向以工作方式保守著称，他们惯于选择已在太空中经历多次甚至上百次安全飞行的材料。为什么？因为这种材料久经考验。人们曾经利用这些材料制造宇宙飞船，并将其成功送入太空，完成环绕地球轨道甚至更远范围的飞行任务。这种保守主义的根源并不在于创造力的缺乏，而在于经济上的需要。建造太空飞行器成本极高，支持此类项目的资金方通常不愿承担过高风险。

我们可以尝试从火箭专家的角度来考虑这个问题：有人出钱让你建造一艘宇宙飞船来执行某项任务，这项任务可能是发送一颗通信卫星，并确保卫星在未来25年或更长的时间里环绕地球飞行，每年365天、每天24小时从不间断地将有线电视信号或网络信号传送到世界各地。任何一次服务中断都将意味着数百万付费客户将无法享受服务，并转而选择其他竞争对手——而且还要由你的雇主来补偿相关费用。

又或者你的宇宙飞船要执行的任务是探索海王星的卫星。这样的话，宇宙飞船就要在太空中航行数十亿千米，才能抵达目的地，有可能单程就需要10年时间。这之后，宇宙飞船又要花费数年时间飞速穿越海王星的各种卫星，对它们展开研究，并将重要的科研信息传回地面。

对这两项任务而言，宇宙飞船的"核心"不是它的结构。对，不是。任务真正的"关键"（以及对新技术的妨碍）实际上在于有效载荷。无论是通信卫星的数据转发器，还是适用于外太空科研任务的高分辨率摄像机，客户都乐于承担一定的风险。科学家对于宇宙飞船构造的要求只不过是在执行任务的各个阶段确保宇宙飞船的完整、牢固，在整个行程中不会出现任何重大风险。无论选用何种运载火箭，宇宙飞船的整体架构在向太空发射的过程中都需要承受3～5倍的地球重力加速度（约等于其自身重量的3～5倍）以及0个标准大气压（太空）和1个标准大气压（发射台）之间的变化。

当直接暴露在太阳的能量之下时，宇宙飞船的构造必须确保飞船能够正常运行并散热，而太空中的太阳能与地球上不同，是未经大气层隔离和削减的。不，在太空中，我们常见的氢等离子体经聚变加热后，将以烈火般的高温无情地炙烤任何接触到它的东西。此外，当宇宙飞船驶入地球阴影区，面对外太空接近绝对零度的低温时，还必须适应另外一种极端条件——寒冷。而当宇宙飞船在太阳系边缘的行星间穿行时，同样不得不直面严寒环境。

基于上述原因，航天工业在许多年前就已选定两大基础材料——铝和钛，且不会轻易进行更换。钛的强度大，重量轻，足以适应温度和压力的极端变化。铝造价低，重量轻，几乎世界上的任何一家机械厂都能轻松胜任铝制品的生产、铣削和塑形工作。现在，复合材料已被用于制造各种物品，从汽车到飞机无所不包，只不过与这些复合材料相比，钛和铝依然具有领先优势。

然而，我们发现了一个问题。宇宙飞船使用的几乎所有装备都在变得越来越小、越来越轻。例如，电子技术革命使得所谓的航电设备，即服务于航空航天业的一整套电子产品（包括飞行计算机、用于告知宇宙飞船位置的传感器、可收取地面指令并向客户传送数据的舱内无线电设备），都在变得更小、更轻。回想一下你的手机，将它和几年前的电脑做个比较，你就会发现这种微型化趋势已经彻底改变了航天工业。但是，绝大多数宇宙飞船的外壳仍然沿用着 20 世纪 50 年代和 60 年代所使用的材料，变化微乎其微。

汽车和飞机工业均已接受第 2 章中介绍的一些轻质复合材料，其中许多属于碳材料，但航天工业仍是出了名的"抵制派"。虽说碳复合材料的应用已经在所谓的二级结构（用于强化或连接宇宙飞船主材料的部件）中取得了一定进展，但此类材料仍很少用于船体本身的制造。石墨烯则有可能为这一现状带来改变。

为什么其他新型材料均以失败告终，而石墨烯会取得成功呢？因为石墨烯在质量较轻的前提下，不仅能够实现与钛或铝相同的功能，还可表现出显著优越于钛和铝的性能。

正如我们在整本书中所强调的，石墨烯有可能实现在结构材料内集成各种仪器和传感器的功能；同时，依托石墨烯独特的导体和（有望实现的）半导体性能，航空航天业有可能彻底颠覆传统的"建造结构"的概念。未来的宇宙飞船可能完全由石墨烯制造而成，这样一来，各种仪器、通信系统、传感器及科研载荷之间的区别就完全无法分辨了。

石墨烯不仅在减轻宇宙飞船整体质量、增进飞船强度、使整体架构更加轻便等方面效果显著，而且能够为飞船提供更加新颖、更具前景的先进空间推动技术，例如太阳帆和电动栓缆技术。

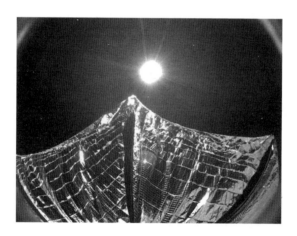

图 9-2　2015 年，美国行星协会的"光帆 1 号"在围绕地球
轨道飞行的过程中捕捉到了这张"自拍照"。当时这款航天器
配有一张 32 平方米的反射太阳帆（美国行星协会）

想在有生之年抵达恒星，你一定需要石墨烯太阳帆

简单理解，太阳帆就是超轻的大型反射帆，由太空级耐磨损的聚酰亚胺（塑料）制成，外涂反光物质。看名字就知道，当阳光从帆上

被反射回来时，就会产生动力——这就如同风经过风帆作用于帆船，推动其向前航行一样。由于日光产生的压力及其形成的推动力极为微小，所以太阳帆的面积通常非常大。要想获得等同于地球上一枚25美分硬币和一枚10美分硬币在手掌上产生的力，太阳帆的尺寸就需要达到两个足球场那么大！

今天，在太空中航行的太阳帆，面积均在100 ~ 1 000平方米，重量达到数千克。太阳帆目前主要用于推动极小的航天器（不足25千克，相当于一袋土豆的重量）在太阳系内部航行。令人遗憾的是，重量仅为25千克的航天器并不多。如果能够制造出更加轻薄、强韧的太阳帆，那么航空航天科学家就可以进一步扩大太阳帆的面积，反射更多日光，产生更大的推动力，从而将其用于体积更大的宇宙飞船。

此时，太阳帆的真正功效已一目了然：这种动力源不需要使用任何燃料。只要阳光普照，太阳帆就能产生推动力，实现持续加速，永远不存在"燃料耗尽"的问题。到目前为止，几乎所有宇宙飞船的飞行任务都需采用某种火箭作为推进器，而火箭也基本上适用于任何类型的推进系统。它从一端排出推进燃料，以此推动飞船朝相反的方向移动。例如化学火箭可推动飞船从地球表面进入太空，再驶向太阳系的任何地方。火箭的最大问题就是燃料问题，它需要大量的燃料，而且燃料耗尽得极其迅速。

我们来看看SpaceX用来将卫星送入轨道并向国际空间站（ISS）运送补给的火箭。已进入发射台的"猎鹰9号"运载火箭在加满燃料的状态下，总重量达505 000千克。这枚火箭可以将大约11 000千克的重量送入近地轨道。这意味着有效载荷的重量仅为火箭总重量的2%！剩余的重量则分配在飞船的框架和电子设备（仅占重量很小的一部分）上，不过燃料主要还是用于将飞船送入太空。听着，"猎鹰9号"

从地面进入地球轨道的时间只要 8 分钟，但整个过程将烧掉数吨燃料，也就是说几吨重的燃料在不到 10 分钟的时间里就被用光了。

仅在太空中使用的由 A 点运送至 B 点的火箭也面临相同问题。A 点和 B 点几乎可以是太阳系里的任何地方。迄今为止，用于几乎所有外太空探测和科研任务的化学推进系统，其总发射质量约为所耗燃料的 50%。每 1 千克的航天器或科学器材重量，都将使所需燃料增加 1 千克。而且，与将其从地球送至太空的推送火箭（即"猎鹰 9 号"）相同，宇宙飞船的大部分燃料同样是在飞行的前几分钟里耗尽。在这之后，飞船要在没有加速的情况下滑行好几年——我再重复一次，是好几年——然后才能到达目的地。

改用推动力较弱的系统不是更好吗？比如太阳帆，只要有阳光，它就可以在无需燃料的情况下持续加速，最终将宇宙飞船送达目的地。答案通常是肯定的，也正因如此，这项技术才得以开发。

太阳帆可以使航天器环绕太阳两极航行，其间不需要用到巨大的火箭，也不需要长途往返木星。它只要利用太阳这颗巨大行星的质量实现重力辅助飞行，便可将刚才提到的那种任务的航行时间延长数年。利用太阳帆，小型航天器可实现低成本的近地小行星侦察，而 NASA 目前就正在计划开展近地小行星侦察任务。

太阳帆能够为航天器提供持续的推动力，使其沿太阳-地球一线展开监测任务，并提供关于太阳风暴的高级预警——对于保证甚至延长高地球轨道上极其昂贵的航天器正常运转的时间，这项功能尤为重要。

考虑到目前的太阳帆已经很薄（大约是笔记本纸张厚度的一半），而且很轻（密度大约是 25g/m^2），制造更薄更轻的太阳帆似乎已成为令人望而生畏的任务。在航行过程中，太阳帆必须保持强韧的状态，因为你应该可以想象得到，太阳帆一旦出现破洞，就无法正常运行了。

当一种材料达到太阳帆现在这样薄的程度,它通常会非常容易撕开或裂开。

采用当前最先进的材料制成的超薄太阳帆在经历长期任务后就会变得异常脆弱,因而无法再次使用。但我们还需要扩大这些帆的面积、减小其厚度、减轻其质量,以实现只有太阳帆才能帮助我们完成的高难度太空任务,例如我们所设想的近地星际空间探索。而石墨烯也许正是我们所需的材料。但这种新型材料还存在一个问题,那就是石墨烯本身不具有反射性。

《星球大战》(Star Wars)前传中有一个关于太阳帆的场景,只不过它的设置完全不合理。这套太阳帆推进系统是配置在杜库伯爵的宇宙飞船上的,在银幕上看起来酷毙了。只不过有一个问题。电影中的太阳帆根本不具备良好的反射性能,因为它是黑色的。如今我们可以轻松制造出比这款产品效率更高的太阳帆,只要确保它具有反射性即可。可惜的是,太阳帆无法将我们带入多维空间——如果确实存在多维空间的话!

太阳光压是阳光推动太阳帆的力量,只有当光子被太阳帆吸收时,太阳光压才会起作用。当太阳帆是黑色时,我们就可以得到这种效果。但是,同样的光子如果经过太阳帆的反射,就能产生2倍的推动力。要达到这一目的,太阳帆就应使用闪亮的颜色而不是黑色来反射光线。因此,如果杜库伯爵在太阳帆外部添加一层具有反射效果的铝涂层,那么他的太阳帆尺寸便不需要如此巨大,只要原来的一半即可。石墨烯太阳帆同样需要添加反射涂层或掺入其他原料。与原本仅吸收光子的状态相比,新的太阳帆可实现更优异的反光效果。但设计师们还需注意一点,被添加的任何涂层都会增加太阳帆的重量,降低太阳帆的整体性能。

现在，让我们来共同畅想一下石墨烯太阳帆将如何帮助我们到达恒星。星际探测器的研发是一项科研任务，被赋予了"旅行者号"继任者的厚望。早在1977年，两艘"旅行者号"宇宙飞船便借助化学火箭成功发射；今天，"旅行者号"依然保持着飞离地球最远的宇宙飞船的纪录。这两艘飞船的航行距离已超过130个天文单位，也就是大约1.49亿千米，且仍在以每秒17千米的速度离开太阳系，向恒星移动。

历经四十多年的飞行，两艘飞船的能量即将消耗殆尽，因为飞船上以钚为主要材料的核电池不断损耗，已无法满足飞船所需的热能和电能。如果我们能够发射一艘新的宇宙飞船，其航行速度是"旅行者号"的5倍，那我们就能够对更遥远的太空进行探索，也不至于到死都等不到飞船传输回来的科学数据了。这正是星际探测器面临的挑战，而这个挑战可以通过太阳帆来完成。

分析表明，如果一艘"旅行者号"航天器采用太阳帆推进系统，且这种新型太阳帆每平方米的重量不足1克（而目前采用的太阳帆重量为每平方米25克），帆的面积至少为90 000平方米（目前采用的太阳帆面积仅为100 ~ 1 000平方米），那么我们就可以制造并发射星际探测器，使其探测距离达到300个天文单位，并在完成发射的10 ~ 20年后收回数据。

石墨烯可将这一切变为现实。由于石墨烯强度高而质量轻，只要涂上像铝或铍这样的反射层，大片石墨烯就能轻松实现预期效果。与目前采用的太阳帆相比，这种石墨烯帆可达到同等甚至更大的强度。因此新型太阳帆的面积更大，而重量却可大幅降低。事实上，石墨烯太阳帆也许能够帮助我们探索更远的地方，并将人类第一个探测器发送至另一颗恒星。

比太阳帆更先进的是激光帆。通过名字就能知道，这种帆将以高能激光取代太阳，作为推动飞船前进的能量来源。我们通过激光可令太阳帆上的同一反射区集中反射更多光能，从而产生更大的推动力。只不过高能激光的利用又会引发另外一个材料问题——太阳帆过热。

反射日光是一码事，通过帆上的同一区域反射千百万道日光的能量又是完全不同的另一码事。如果没有一层基本可反射掉所有入射光能量的涂层，现有材料多半都会因吸收（而非反射）到的热量过高而熔化。例如，目前最先进的太阳帆材料，也就是当前在太空中执行近地小行星侦察任务的航天器材的材料，其反射率约为 0.93，而反射器的理想标准是 1.0。事实上，0.93 这个数值已经相当不错，但是这样的反射率意味着它的吸收率为 0.07。也就是说，射到这种材料上的光能仅有 7% 可被吸收掉。

想象一下，我们所建造的太阳帆，其面积单位不是以平方米，而是以平方千米来衡量的。再想象一张面积与得克萨斯州相近却仅有单层石墨烯（一层原子的厚度）的帆。我们将其置于靠近太阳的地方，以利用那里充足的阳光，使其加速度大大高于它在地球附近的速度。当太阳帆飞越地球时，阳光强度开始随着距离的增加而逐步下降，此时我们向太阳帆发射强烈的激光，使其继续加速航行。这种激光的能量相当于 2017 年全人类在一小时内输出的能量总额，也就是大约几太瓦[①]。如果我们在飞船驶离太阳系、进入星际空间后，持续向太阳帆发射激光，这种太阳帆可在不足数百年的时间里抵达最近的恒星。而旅行者级的航天器或其他使用化学火箭推进系统的飞船则需要 7 万年的时间才能抵达那里。两者相比，你就能够理解这将是一场怎样的大变革。

石墨烯也许真的可以帮助我们抵达恒星，它总有出人意料的表现。《新科学家》杂志报道称，中国天津南开大学的研究人员将几层氧化石

----

① 1 太瓦 = 1 012 瓦。

墨烯揉成一团，制成了所谓的石墨烯海绵。当他们向海绵发射激光时，海绵居然移动了。起初看来，这是不可能发生的。别忘了，光产生的推动力是非常非常小的，在地球上，这种力极易被作用在物体上的其他力所抵消——尤其是重力。

除非运用最灵敏的仪器，否则在实验室里用激光照射太阳帆，人们几乎不会察觉到任何移动。然而这组科研人员发现，当激光照射到石墨烯海绵上时，海绵可移动数十厘米。最有可能的解释是，激光使部分海绵发生汽化，导致部分材料蒸发，从而推动海绵向相反的方向移动。但除非研究人员对表面反应进行过仔细观察，否则海面在激光的照射下移动的情况依然不可能发生。

另一种理论似乎可以从总体上解释这种运动，那就是激光使材料产生电离，导致电子聚集并从太阳帆材料上飞离出去，最终使太阳帆产生后冲力（发生移动）。如果是这样的话，问题又来了，为什么所有的电子都朝一个方向飞出去，而未发生全向（各个方向）飞散，后者是不会产生净运动的。

而我们又为何非要搞清楚这一点呢？如果太阳帆的运动是由于电子发射，而不是某种奇怪的热效应（空气受热等），那么在太空中，这种太阳帆就完全可以被用作推进系统。它既具有反光型太阳帆的高效率，又相当于一艘电子发射火箭。将反光和电子发射这两种物理现象叠加在一起，我们就有可能让宇宙飞船携带石墨烯太阳帆快速穿越太阳系，并且是在几乎不需要任何燃料的情况下做到这一点。

太空电梯与太空级 3D 打印机

让我们暂且将太阳帆放到一边，想象我们来到 2030 年并成功抵达半人马座阿尔法星的场景，这样我们就可以谈谈石墨烯的另一项太空应用——制造太空电梯的主体结构。对于还不熟悉太空电梯这个概念的人来说，这个物体可以简单理解为能将我们带入太空的电梯。有文字记录以来，人类就梦想建造出能够通往遥远太空的设备，这让人想到圣经中巴别塔的故事。《创世记》中讲道：

> 他们说，来吧，我们要建造一座城和一座塔，塔顶通天。求你使我们得名声，免得我们分散在全地球上。

现代人类也曾建造出高到难以置信的建筑。截至本书付印时，全世界最高的建筑是 828 米的迪拜哈利法塔。（相比之下，美国的帝国大厦只有 443 米高。）但现在我们要想象一座高度超过 42 000 千米的建筑物或高塔，然后再想象这座建筑安装了一部电梯，它可以由地面直接上升到顶部。理论上，我们可以用这部电梯将人、货物或宇宙飞船直接送入太空。这套设施最具吸引力的地方在于，使用这部电梯完成往返旅程之后，我们只需支付实际产生的电费，无需支付火箭和火箭燃料的费用。总的来说，太空电梯成本低廉且简单好用，嗯，当然也不会太简单。

在这个世界上，我们该如何（或者说我们怎么才能）建造太空电梯？这个设想有可能实现吗？对于充满未来感的太空电梯，科学家们提出了许多概念性的设计方案。他们中的多数人呼吁搭建一根缆绳，一端连接在地球表面的赤道附近，另一端与太空相连。这条缆绳可在拉力下保持垂直，就像溜溜球的绳子在头顶旋转时能够保持拉力而不会变成柔软的面条一样。这都是离心力发挥的作用。图 9-3 展现了这套设计方案。

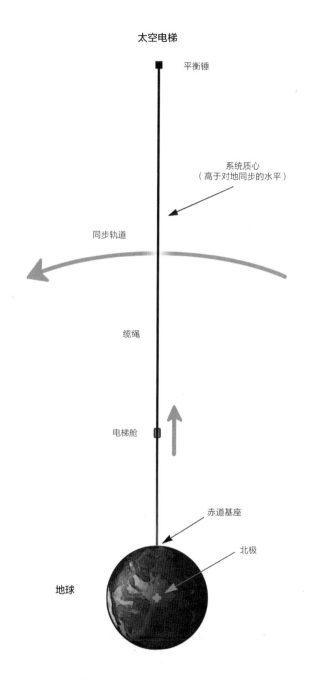

图 9-3　太空电梯概念示意图。从地球赤道向上建造一座太空电梯，
可直达地球同步轨道（NASA）

缆绳的近地端之所以能够保持拉力，是因为地球具有较大的地心引力，而缆绳的另一端之所以能够保持拉力，则是因为深入太空的缆绳顶端（处于旋转状态，如同溜溜球，因为地球本身就在自转）连接在小行星上，其产生的离心力同样为缆绳施加了一个力。瞧！这样我们就拥有了垂直的高塔，可以从地球表面直接延伸到太空。

现在我们要切换到现实的角度来思考这个问题。我们从未建造过这种规模的建筑物，而分析表明，要想实现这一目标或者要想找到一种可行的建造方法，就要采用一种比现有任何材料更加结实、更加轻便的新型材料。这部电梯必须足够强大，不仅能够承受自身的重量，还要能够承受缆绳顶端锚定的行星给电梯带来的张力。

理想状态下，这条缆绳应具有导电功能，所以电梯的主体结构材料实际上可用作电力系统的一部分。科学家不必再单独建造一条 22 000 英里长的电缆，并担心它连自身重量都难以承受。基于上述这些要求，你是否已经感觉到，好像我们听起来很熟悉的某种东西会成为制造太空电梯的理想选择？从理论上讲，石墨烯或它的本族兄弟碳纳米管是目前已知的、能够实现上述要求的唯一一材料。

机敏的读者可能已经发现，我在前一句话中打了个官腔——"从理论上讲"。我认为石墨烯不够现实吗？为什么要说"从理论上讲"呢？答案很简单：在我们研究出如何制造一定长度（超长）的石墨烯链绳之前，众多宏伟的应用仍将停留在"理论阶段"。

要想真正着手设计或建造某物，抑或计划这样做，你就要确定，你在这个过程中所采用的材料具有实用价值，同时可以满足设计要求。能否制造出数千千米长的石墨烯缆绳，目前尚无定论。为了切实感受这项任务的难度，你可以对比一下地球的周长。这个数值大致为 40 000 千米——约等于太空电梯的高度。

关于如何利用太空电梯将物品送入太空，我们还要补充一条有趣而又重要的说明。任何物体（比如卫星）要想环地球轨道运行，都必须以相对较快的速度（大约每小时 28 000 千米）围绕地球运转。也就是说，这种物体必须拥有横向的速度，而不仅仅是垂直的速度，才能进入轨道。这也意味着任何通过电梯送入太空的物体都几乎必须直达顶部，才能环绕地球运行，不至落回地面。

任何物体在地球同步轨道以下的任何高度被丢出来，这种物体都将在地球重力的作用下重新落回地面。友情提示：千万不要站在太空电梯旁边，以免有东西砸到脑袋，不小心会死人的哦。

在第 4 章中，我们介绍过采用石墨烯材料实现的增材制造和 3D 打印技术。NASA 认为增材制造是实现人类太空飞行的关键因素，因而正在大力投资这项技术。石墨烯材料的应用将为这项技术锦上添花。

增材制造已被 NASA 视为开展长期太空探索的必要技术，他们在国际空间站上对增材制造系统进行了太空失重环境下的操作测试。如今，当我们规划载人航天任务时，需要将有效载荷中的很大比例预留给备用配件。

在前往火星执行任务的过程中，宇宙飞船的往返需要 2 ~ 3 年，因此谁愿遇到某种重要部件损毁却没有备用配件可以替换的情况？从统计学上讲，并不是每项重要部件都会出现损毁，但其中某一项出问题却几乎是不可避免的。对此，你打算如何应付呢？只能在旅途中为所有重要系统带上备用部件。这也就意味着，除了发射任务团队所需的各项功能性设备外，NASA 还需要发射一个配件储藏库，以便在航行过程中为维修提供帮助。这些航天部件大部分永远都用不到，但却仍需配备，"以防万一"。

图9-4　第一代太空级 3D 打印机已经在国际空间站完成了飞行和相关测试，背景是微重力科学手套箱工程组（NASA）

　　然而，航天任务的成本和复杂程度均会因此显著提升，这就是这种备用部件供应方式存在的问题。更多的备用部件意味着我们需要提供更多的存储空间，最重要的是，重量也随之变得更大。更大的重量自然需要额外的燃料，从而又使整个系统的重量进一步增加。目前每千克火箭的发射成本为 3 000 ~ 10 000 美元不等，可见携带所有这些备用部件以及用于储存和发射它们所需的成本的确很高。

　　如果你不需要携带所有这些备用部件，而只需带上一台 3D 打印机、原材料，以及所有备用部件的制造方案，那又会是怎样的一个前景呢？这样一来，为储存备用部件而预留的负载重量便可大幅削减，要送入太空的"物品"也相应减少，我们还将同时降低资金投入和不必要的复杂度。宇航员和航天任务的规划者也将因此获得更多灵活性。如果临时需要某种完全超出预料的设备或部件，我们可以通过地球上的无线电将制造方案传送至宇宙飞船，反正地面上的工程设计人才应有尽有。

对于科幻迷，尤其是看过《星际迷航》的人来说，这番场景听起来仿佛似曾相识——是的，我们正处于研发"复制器"的初级阶段。在探索太阳系甚至更加遥远浩瀚的宇宙空间时，无论勇敢无畏的宇航员们需要什么物品，这台复制器都能制造出来。那么石墨烯又在其中发挥了怎样的作用呢？可以说，它的作用无处不在。基于我们介绍过的种种理由，从这种材料的强度、导电性能以及合理掺杂后形成的半导体性能，到尚待开发的如水过滤、发电和存储等更多奇特性能，利用了石墨烯的 3D 打印机必将开启无限可能性：

> 如利用大型的 3D 打印机，在月球或火星上建造出一片片居住聚居地。将当地的泥土或风化层与石墨烯结合后，我们可以让这些居住聚居地的建筑变得更加牢固，使居住聚居地在两大星球的恶劣环境中更具生存能力。

> 还可以利用打印出来的嵌入式传感器，复制出星球的表面结构，对聚居地的内外环境进行监控。

> 抑或就地制造关键性的生命维持系统，使其适应任意着陆点的独特环境。这样一来，科学家既不需要在地球上根据指定着陆点进行预先规划，使得探索范围受到极大限制，也不需要预先制造出足以适应任何环境的强大系统，在系统的质量和复杂程度上投入过多精力。事实上，我们只要在任何需要的时候设计和制造自己所需的生命支持系统。

最后，石墨烯强化传感器还可用于制造空间应用所需的科研仪器。石墨烯的特性不仅对地面应用具有吸引力，同时也激发起航天科学界的高度关注——该领域的科学家们一直在积极寻找各种方法使航天仪器变得更小、更轻、更节能。

有一种传感器被视为利用石墨烯优异特性的典型范例，这种传感器可用于测量近地轨道（LEO）上的氧原子浓度。氧原子通常为双原子，也就是说它们成对地结合在一起，其化学式为 O_2。地球上很少有单独的氧原子，但在非真空状态的近地轨道上，充足的能量可将成对的氧原子一分为二，形成单个氧原子。随着时间的推移，这种原子会对太空中的材料造成严重破坏。实际上，许多材料都会因持续暴露在单个氧原子的环境下而遭到腐蚀，以致最终断裂或彻底失效。

目前采用的氧原子传感器并不很大，但 NASA 戈达德太空飞行中心（NASA Goddard Space Flight Center）的研究结果表明，新一代的石墨烯传感器会更小，可直接嵌入航天器的整体架构，用于探测氧原子和其他中性原子的浓度。这种传感器经过调整后，可用于执行太阳系内的各种任务，帮助科学家描绘出其他星球的不同环境，而其消耗的质量和能量仅为当前传感器消耗量的一小部分。

石墨烯有可能彻底颠覆人类的太空探索事业。那些雄心勃勃、有望改变世界的任务虽然目前看起来仍像是科幻小说中的场景，但都有可能因石墨烯而变为现实。

第 10 章
石墨烯生控体系统

赛博格（Cyborg）是"生控体系统"(cybernetic organism) 的简称，指为达到特定目的，对某人或某只动物进行改造，致使其超越了原本的生物体范畴。这种改造可能是针对某项生物缺陷的修正；可能是针对某种生理上的机能不全现象的强化，无论这种机能不全是实质性的，还是主观认定的；还可能是为了适应某种新的生存环境。虽然进行生物改造的理由肯定不止这些，但主要可归纳为以上三条原因。这种强化改造可能体现在机械层面、电子层面或生物层面，并且可划分为综合性、科幻性以及常规性三种类型。

我们都是赛博格

《星际迷航》的粉丝们应该都熟悉这段台词：下一代将会立刻设想出终极生控体系统——博格人，或者会想象出最著名的博格人——皮卡德，也就是让-吕克·皮卡德（Jean-Luc Picard）船长。博格人是对一种虚构外星种族的统称，他们已被转化为生控体系统，依靠一种名为"集体"的蜂群思维指导日常行动。在此过程中，他们完全失去了自己的个性。

在这个科幻世界里，当人类遇到博格人的时候，便会立刻面临被同化的危险，转变成像博格人一样的赛博格（博格人因赛博格得名）。

其他科幻小说和电影，包括广受欢迎的《神秘博士》（*Doctor Who*）系列，也进一步强化了这个概念。当神秘博士遇到半人半机械的赛博人时，谁不感到胆战心惊呢？在这部电视连续剧中，赛博人在开始的时候与人类十分相像，但他们随后开始不断实验，在自身技术允许的前提下将越来越多的人造器官植入自己的身体。接着，赛博人逐渐失去人性，变得越来越像机器。这正好遵循了博格人总是大反派的逻辑。

还有一些生物体在科幻中是向相反方向进化的——比如《太空堡垒卡拉狄加》（*Battlestar Galactica*）中的赛昂人和《银翼杀手》（*Blade Runner*）中的复制人。他们最初属于人工智能人，后来变得越来越接近于人类，会根据自己的需要对人造生物体进行调整。

总之，不管是博格人、赛博人，还是他们的同类，都不再属于人类（或本来就不是人类，尽管看起来像是），因此都是邪恶的。这些故事旨在说明：如果我们变成了赛博格，就会逐渐失去人性。人类的文化和信仰认为，经过机械改造的生物体是非自然的（因此本性邪恶）。如今盛行的"全天然成分"热潮，其背后动力主要在于，消费者对现代食品和个人护理领域的人工制造成分不够信任。被邪恶控制的终结者就是对技术失控最好的警告，只不过……不管你愿不愿意承认，我们中的多数人都已变成了赛博格。

例如，我们许多人都通过戴眼镜或隐形眼镜来矫正视力。人类使用光学透镜矫正视力的历史可以追溯到13世纪。最早使用矫正镜片的人是僧侣和学者，不过他们只在需要时才将眼镜置于眼前。18世纪，现代眼镜开始成形，确切地说，是架在鼻子和耳朵上的镜框被发明出来。多数美国学生在学校里都学过，18世纪晚期，本杰明·富兰克林

（Benjamin Franklin）又发明了双聚焦眼镜。

13 世纪的僧侣们当然意识不到自己已成为赛博格，因为直到 1634 年约翰尼斯·开普勒（Johannes Kepler）的《梦》（Somnium）正式出版，科幻小说才被作为一种独立的文学题材面世。现代矫正视力的方法可分为激光眼科手术（或称"镭射视力矫正术"）和白内障手术。白内障手术用于治疗眼内晶状体上形成的白内障，即晶状体浑浊导致的视物模糊不清。在手术过程中，医生将取出已变浑浊的自然晶状体，然后换上清澈的人工晶状体。没错。那位嚷嚷着说不知道怎样使用你给他新买的智能手机的慈爱祖父，就是一位赛博格。

我（约翰逊）的一位家人患有 1 型糖尿病。糖尿病患者的胰腺几乎不分泌胰岛素，因为人体的免疫系统已经破坏了胰腺内产生胰岛素的细胞。如果不接受治疗，患者就会死亡。那些确诊为 1 型糖尿病的患者必须每天注射几次胰岛素，或者用注射泵持续注射胰岛素。此外，他们还要建立良好的饮食和锻炼习惯。

胰岛素疗法本身有着悠久而有趣的历史。这种疗法始于 20 世纪初，当时的医生首次利用猪和牛的胰岛素拯救了人类的生命。如今，大多数胰岛素都是利用细菌或酵母以 DNA 重组技术制成的。简而言之，普通细菌或酵母的遗传物质被插入人类基因之后，这种重组有机体就会产生胰岛素，以维持 1 型糖尿病患者的生命。（没错，从技术上讲，这种酵母也属于赛博格。）仍以我的家人为例：他需要通过一种机电装置将胰岛素持续输入到血液中，因此这种装置从一定程度上来说必须永久性地附着在患者身体上。这种装置就是胰岛素注射泵。我的这位家人平时还需佩戴眼镜，因此我们可以说他是多元赛博格。

上述这些例子能够帮助我们更好地理解，我们所讨论的生控体系统并不纯粹是科幻小说中的内容，同时，它们也并不一定是邪恶的，或我们避之唯恐不及的。事实上，正如人类的绝大多数技术创新一样，生控体增强技术本身也无所谓善恶之分。道德标准只能用来衡量人们使用它们的用途和目的。

那么，这又与石墨烯有何关系呢?

据意大利特伦托大学（University of Trento）埃米利亚诺·莱波雷（Emiliano Lepore）的一篇论文介绍，他和他的研究小组做了这样一个"假设"实验，他们将混合了水、碳纳米管和300纳米宽的石墨烯颗粒的液体喷射到了一群蜘蛛身上。之后，他们测量了蜘蛛吐出的蛛丝强度，并将其与未遭喷射的蜘蛛进行对比。令人难以置信的是，人们只不过是在蜘蛛身上喷洒了含有石墨烯的水，就可以显著改变蛛丝的强度，使其比天然蛛丝的强度高出3倍以上，甚至强过凯夫拉尔纤维，直接跻身于有史以来机械强度最强的材料之列。

图 10-1　研究人员发现，给蜘蛛喂食石墨烯后，蜘蛛结出的网更加强韧
（摄影：克里斯汀·米歇尔）

当然，这个实验并非没有任何副作用。首先，只有一些成功接受科学处理的蜘蛛能够生成这种"超级丝"。另一些蜘蛛则只能产出普通

的蛛丝，还有一小批蜘蛛吐出的丝反而低于平均品质。另外，我要给那些准备为自家宠物灌入石墨烯水的朋友们提个醒，有些蜘蛛沾上石墨烯水后就死掉了。

能够检测 DNA 的传感器，将让早期癌症无所遁形

现在回想一下我在前面对如何利用 DNA 重组制造人工胰岛素所做的简要介绍。这个过程可不是随意而为的。美国大约有 300 万人患 1 型糖尿病，而在全球范围内，这个数字可能增至 7 000 万人。生产足量的胰岛素来维持所有患者的生命和健康是一项重要使命，只有让胰岛素达到工业级产量才能满足这种需要。不难想象，我们可以借助莱波雷的发现，在石墨烯生产中应用胰岛素的制造方法：先利用 DNA 重组技术找出制丝过程中加入石墨烯的最佳途径，再改进制造工艺，然后将这种制造工艺转化为大规模生产。

与此前介绍的种种方法相比（如化学气相沉积法、工业强酸氧化法，或者雇用数千人用胶带把石墨烯从铅笔芯中分离出来），现在这种方法听起来自然要简单得多。本书前面探讨过的许多应用，特别是第 5 章中谈及的应用，也许有一天能够通过工业化的蜘蛛纺丝技术实现。现在让我们将注意力从蜘蛛丝转向其他纤维，也就是服装中使用的纤维。

一百年前的人们不会想到，今天的科学家们已开始与时尚行业联手合作，共同开发嵌入石墨烯强化电子产品的服装，这种服装可以根据穿着者的呼吸模式或其他生理变化产生发光反应。具体而言，这些自供电的传感器与低功率的 LED 灯相连，可以依据呼吸模式的改变，控制灯泡颜色的变化。如果你在休息，且呼吸不太深，那么灯泡可能会显示蓝色；当你步行并开始中等强度的锻炼时，灯泡可能会发出绿

色的光；在你早上工作的时候，灯泡则可能会开始闪烁黄色或橙色的光；总之，灯光的颜色任你设定。如果通过低功率的蓝牙将这套设备与下一代智能手机、智能手表或其他健康监测设备相连接，你就可以获取全身生理诊断信息。

他设计的著名长裤及应季服饰，其图案和质地都是无法超越的

配有图片和完善的服装尺寸表，以印刷品形式为客户邮寄新款图样

无需吊带或肩带的马裤，
售价 16 ～ 21 先令

适于骑马运动的麂皮绒女士马裤
售价 5 ～ 7 基尼
合身的剪裁与精细的做工成为其作品的鲜明特点

图10-2　时尚潮流总是循环往复。对于现代读者来说，一百年前流行的服装看起来很奇怪，正如今天流行的服装在一百年后的人们看来也是同样奇怪。本图来自《伦敦》第248页。这是一本关于顶级酒店和娱乐场所的全面介绍，同时也是一本各贸易分支机构高品质房屋的指南（大英图书馆）

对于那些只想拥有最新健康监测设备的电子迷来说，这只不过是一件新奇有趣的事情，但对于医学界而言，能够为那些面临各种疾病风险的患者评估身体状况，则是具有重大意义的事情。具体来说，患有心脏疾病的老年患者以及可能因慢性阻塞性肺病（COPD）、肺结核

或其他呼吸道疾病而危及呼吸的患者，可以通过一个实时智能连接系统与云端相连，对步速进行自我监控。当他们达到自己的体能极限时，这个设备会发出报警提示。

更常见的场景可能是（至少对我们当中的某些人来说），我们会听到自己的个性化人工智能运动教练对我们说："加快步伐！照你现在这速度，今天的目标就别想实现了！加油！"

不难想象，不同类型的传感器可能会嵌入到我们的衣服当中，其作用可不限于测量呼吸速率那么简单。血氧水平如何？血糖呢？有没有可能患上了某种传染病？Siri 将来或许能够提醒我们："你刚刚接触了病毒性脑膜炎。请立即就医寻求治疗！"

让我们从石墨烯功能服装跳转到经石墨烯赋能后的医学和人类学，并探讨其中存在的种种可能性。

当得知自己的几位祖辈都曾患有相同或相似的疾病时，你是否会担心自己的健康呢？你的家族是某种癌症的易患人群吗？你想知道自身携带的基因是否会让你和你的子女在未来面临色盲、糖尿病或自闭症的风险吗？石墨烯强化传感器也许能帮上忙。

印度和日本的科学家正致力于开发石墨烯晶体管，以检测有害基因。这种传感器可在 DNA 杂交过程中发挥作用，当"探测 DNA"与互补的"目标 DNA"结合时，科学家便可检测出有害基因。在这种结合或杂交发生的时候，探针的电性能便会发生变化。这个过程无需石墨烯也可实现，但会需要几个中间步骤，还会用到其他材料和工艺。也就是说，整个过程十分复杂。但是应用石墨烯之后，研究人员便可跳过这些中间步骤，提高这项技术的整体效率。

但是，那些难以发现的疾病又该怎么办呢？这些疾病往往发现得太晚，来不及治疗。我们都有过朋友或家人遭受癌症折磨的经历，如果幸运的话，肿瘤会在早期被发现，它们还没有长得过大，或发生严重扩散，患者的存活率会大大提高。不幸的是，由于癌细胞与普通细胞十分相似，我们的免疫系统无法有效对抗它们，以致通常在我们发现它们时，已为时过晚。我遇到过一个案例：一位同事的妻子最近被诊断出晚期癌症，在确诊后两周内就匆匆离世。在感觉到明显症状之前，她已患病很长时间，等发现时一切都已经太晚了。

虽然石墨烯不太可能成为治疗癌症的"灵丹妙药"，但它可能会在癌症的早期发现方面发挥巨大作用。它有可能成为医生开展癌症检测和治疗的有力工具，原因是石墨烯对电荷或物体表面出现的任何物理性接触十分敏感。回想一下，石墨烯本质上是一个原子厚的碳原子矩阵，所有碳原子都位于同一平面上。它的导电性能极佳，任何表面接触都有可能引发导电性能的轻微变化，从而帮助人们轻松检测出那些表面接触。

想象一下，薄薄的一层水流淌过光滑的平面，途中带入一小块岩石。岩石激起的湍流是显而易见的。这里的光滑平面就类似于单层石墨烯，水是电流，岩石则是与石墨烯接触的某种"另类"原子。水流或电流的变化程度，可以揭示被带入湍流的岩石的类型。当一个正常的生物细胞与通电的石墨烯传感器接触时，我们可以远程探测出水或电子在流动过程中受到的特有干扰模式。如果接触的细胞存在癌变现象，那么水流或电流受到的干扰方式或模式就会不同，我们可以通过一种名为拉曼光谱的技术对干扰方式或模式进行检测。

癌细胞似乎比正常细胞更加活跃（毕竟，癌细胞的生长不受控制——这也是癌细胞极其危险的原因），因此它们的总负电荷会更高。石墨烯传感器可以很容易地检测到这种微小的电荷差异。

这种检测方法从实验室环境普及到各地诊所还需要哪些步骤尚不清楚。为了使这种传感器真正发展成为行而有效的早期检测技术，它们还势必要从诊所进入到我们的日常生活，因为我们的目标是在癌细胞扩散至全身、达到失控状态前找到它们。利用石墨烯提升检测效果只是整个过程的第一步。

石墨烯传感器还能帮助我们轻松检测到什么？让我们暂且回到糖尿病的话题上。我们要知道，1 型糖尿病患者都必须准确且定期地监测血糖水平，以了解本人所需的胰岛素注射量。如果注射量过小，患者就会一直处于血糖较高的状态，随着时间的推移，他们的循环系统将会受到严重损毁，因为血糖负担过重的血细胞会在毛细血管和动脉中肆虐。如果注射量过大，患者的血糖水平将急剧下降至低血糖水平，导致患者失去知觉甚至死亡。由于大脑直接利用血糖来获取能量，因此它几乎可以立即察觉到低血糖带来的影响。随时拉紧保持正常血糖这根弦是 1 型糖尿病患者必须时刻注意的日常事务。

要准确测量血糖水平，目前只需一滴血和快速血糖仪即可。为了获取血滴，患者通常要用一根小针刺破手指，然后才能进行检测。在理想状态下，患者每天须刺破手指至少 8 ~ 10 次以检测血糖水平。而且日日如此，周周如此，月月如此，年年如此。你可以想象这将是多么令人厌烦、不便和痛苦啊。一定会有更好的办法吧？

科学家们发现，通过分析眼泪也可以测量血糖水平。可供测量的泪液量要比血滴量少得多，幸运的是，可实现该功能的微型传感器已被成功研发出来。许多公司都在研究，如何将这种传感器植入可供糖尿病患者佩戴的隐形眼镜中，以代替不断刺破手指的血糖检测方法。问题在于，这种隐形眼镜还较为粗糙，通常要比普通的隐形眼镜更大、更重，而且容易造成眼睛干涩。然而，石墨烯在这里又有了它的用武之地。

在第 6 章中，我们讨论过如何利用多层堆叠的氧化石墨烯薄片作为污水净化的过滤器。只要往合理的方向多堆叠两层石墨烯，我们就可以阻止水流，让它们形成一个近乎完美的防水透气层。再加上石墨烯既轻薄又强韧，还能吸收电磁能量（指可见光或紫外线等），并将这种能量以热能的形式消散掉，因而可以说，我们已经找到了可以制作血糖检测隐形眼镜的理想备选材料。

这种设想中的石墨烯镜片不仅坚固、轻薄，能够保护眼睛免受紫外线的伤害，保持水分以缓解眼睛的干涩，还能为佩戴者提供血糖信息，这样糖尿病患者就无需再为控制血糖而经常刺破手指了。总之，这一切听起来都像是稳操胜券的样子。接下来，我们将在眼睛的基础上，进一步看看石墨烯在人类大脑中的应用。

脑机接口：从操控机械臂，到制造性高潮

一个科研团队表示，他们找到了一种全新的方法来利用石墨烯实现大脑神经元与外部世界之间的更好衔接。（他们的研究对象为老鼠的大脑。这很正常，在进行人体实验前，科学家通常都需要先开展针对老鼠的研究。）意大利的里雅斯特大学（University of Trieste）和英国剑桥大学（Cambridge University）的联合研究人员成功实现了石墨烯和神经元之间的连接，而且在此过程中神经元未受到任何损伤——该问题此前一直困扰着使用其他材料进行实验的研究者，因为实验最终总是导致神经元功能退化。而此前植入的电极（通常是由钨或硅制成）的性能，通常也会随着时间的推移而逐渐降低。

如果相关实验结果能够在人体实验中重现，那么我们距离利用石墨烯传感器监测大脑电脉冲，并将其与实验对象的主观动作形成联系就不远了。一旦其中的密码被破解，未来的医疗应用前景将极其广泛。截肢者或瘫痪者也许能够直接通过大脑控制安装在他们身上的假肢，

从而极大提高患者的生活质量。患有帕金森症或其他神经肌肉疾病的人们，也许可以通过全新的治疗方法，摆脱肌肉张力不足的折磨。那些视力受损或退化的人们也可以安装机械眼，使其直接与大脑相连，从而彻底恢复视力。

这项技术进一步发展的结果是实现有意识的人类功能强化。这种神经元／石墨烯／电子大脑接口，能否用来帮助人体超越正常生物机能的极限？比如战斗机飞行员可以仅凭大脑控制飞机的各项功能；又比如战场上的士兵可以配备超强大的人造机械骨骼，通过石墨烯强化大脑与电脑之间的连接，能够像控制自己原来的四肢一样随意控制机械骨骼，而这些机械骨骼所具备的力量和速度将是原来人体四肢的 5 ～ 10 倍。

城市巷战可谓 21 世纪最具挑战性且最复杂的作战方式之一，很难想象石墨烯技术将为其带来怎样的改变。正如全世界都已在叙利亚和伊拉克战争中不幸见证过的，当代士兵需要在狭窄的街区、在大量的平民中挨家挨户地进行搜索，并竭力消灭敌人。其间，他们要不断面对战斗和牺牲。现代防弹衣十分沉重，不仅让士兵们行动迟缓，而且提供的保护效果也十分有限。

理想状态下，如果士兵在采用新技术后遇到这种情况，他们便不需要打开房门并穿过过道，成为敌人清晰的打击目标。相反，士兵可以利用经石墨烯强化的双腿跑动，由轻型长效的石墨烯强化电池或超级电容器供电；他们还可以借助具有抗破坏性能的石墨烯强化机械骨骼破墙而入，甚至直接承受来自室内敌人的火力，直到解决战斗。如果石墨烯强化层能够抵抗飓风或龙卷风的破坏，那么也许同样能够承受子弹的直接打击，为强化层后面的士兵提供全面保护。

这是一种全新的设想。几十年来，军方一直在考虑开发这种钢铁侠套装，但直到现在，效果始终不够理想。于 20 世纪 60 年代末至 70

年代初开展的哈迪曼项目（Project Hardiman）可以作为我们重点关注的一个案例。当时，通用电气与美国政府签订协议，计划制造一种动力外骨骼，近似于雷普利在电影《异形》（Alien）中的穿着。该项目设计出的一套试验装备重达数百千克。对于一个士兵来说，在战场上穿戴这样重的装备实在不太现实，而且大部分无法实现自主控制。

与当时相比，我们如今已在计算机控制与微型化及材料科学领域取得了长足的进步。2015 年，美国军方开始测试战术突击轻型作战服（TALOS）。TALOS 采用最新型的轻质材料和最先进的微控制器，使外骨骼的可控性更强，也更便于士兵操作。

研究人员所选用的材料还呈现出一种布料化趋势（不再像此前装备所采用的硬制外骨骼框架）。此类作战服尚未经过石墨烯优化，但重量已下降至几十千克，而且只需几个与笔记本电脑相当的电池组就可以工作。虽然这已是一种巨大的进步，但仍然不够实用。任何曾经穿着厚重的棉服，再背上笔记本电脑长途跋涉的人都能证明这一点。

石墨烯强化元件也许能够帮助我们再次推动技术进步，真正创造出有效、实用的可穿戴作战装备。这种装备不仅能够为士兵提供适度保护，而且在更换电池或重新充电之间的有效工作时长也更为合理（主要靠石墨烯超级电容电池）。作战服的控制系统与士兵的大脑实现直接互联只不过是个时间问题；这种装备必将成为士兵身体的一种自然延展，而无需进行有意的控制。你可以想一想，一个是不假思索地随意散步的状态，一个是驾驶手动变速汽车几乎随时都要进行判断的状态，这两者之间的差别是巨大的。

如果单向连接能够成功实现，即神经元可以通过接口与外界实现互动，那么反向连接也能实现相同效果吗？这种植入物是否可以用于治疗严重烧伤的病人？我们能否在他们愈合的过程中，将人体的疼痛感受器功能关闭掉？经过石墨烯强化的大脑植入物能否有选择性地刺激学习、提高记忆，或帮助我们平息非理性的恐惧（如对飞行的恐惧、恐高、幽闭恐惧症等）？虽然我们目前还没有明确的答案，但研究人员正在为此不懈努力。

我们从功能性磁共振成像（fMRI）的研究中得知，大脑不同区域因每个人不同时刻的经历而呈现出不同的活跃期。例如，当我们在陌生面孔中识别出一张熟悉的面孔时，人类大脑的某些区域就会受到刺激。当我们把某样东西归入长期记忆，特别是当"这样东西"与强烈的情感体验相关联时，我们就会用到大脑中被称为杏仁核的区域。

因此，当我们睡觉时，整个大脑从脑干到大脑皮层似乎都处于活跃状态；而大脑皮层通常与我们的视觉联系在一起，特别活跃，梦境中发生的种种故事情节据说都源于这个区域。

不难想象，将石墨烯强化植入物嵌入此类大脑区域，我们便能制造某种类型的梦境，从而提升学习能力或削弱痴呆症对患者的影响。

我们知道，互联网让用户能够按需访问世界上最强大的知识和高等教育库，可结果却是色情内容高居搜索榜榜首。如果石墨烯人体强化领域也遵循互联网的这种发展方式，一定会有人借助这项技术去探索大脑的快感中心的刺激，从而提供用户"所需"的高潮。

同样的功能磁共振成像研究还将帮助我们解开理性思维背后的秘密，告诉我们大脑的哪个区域负责批判性思维，哪个区域最初激发出了创造力，当然也可以告诉我们大脑中的哪个区域在性爱过程中处于活跃状态。据研究，在经历性高潮时，左眼后侧的大脑区域（外侧眼窝前额皮质）似乎会关闭。无论真伪，我们仍认为人类的理性行为是由该区域负责控制的。唔，只是猜一猜……

让我们暂时脱离低级本能，大胆投入到科幻世界，想象我们可以训练自己的大脑,去控制那些与人体无关的系统(比如船舶的方向舵或引擎系统,数十、数百乃至数千架无人机的编队飞行或者整座城市的摄像头网络)。多年前,有一个科幻故事,讲的是一个原本已死去的人在复活后发现自己变成了一艘宇宙飞船:

> 他的眼睛就是监控飞船内外的摄像头;
>
> 他的感温能力与飞船内部的温度相连:脚冷意味着实验室外部温度低,大汗淋漓则意味着温室里正在模拟夏日正午的阳光;
>
> 他自己弯曲的手臂控制着飞船的机械臂,用于从货船上将补给装卸到自己的飞船;
>
> 他的心跳变化显示了飞船推进系统的运转情况。

明白了吧?

石墨烯材料与生物学和脑科学的技术突破相结合,会让这一切成为可能吗?谁知道呢,不过刚才所说的那些情况看起来确实很有可能成真,说不定某一天就实现了。

如果我们从另一个角度来考虑呢?我们能够利用经石墨烯强化的、处于存活状态的生物有机体来改善机械系统吗?伊利诺伊大学芝加哥分校的研究人员对此深信不疑。

他们想要在校内研发出一款纳米级的生物机器人,使其能够对环境变化做出电性反应。为了实现这一目标,他们选用了一种可对湿度变化做出自然反应的相对温和的细菌孢子,它在有水时膨胀,无水时开启接触模式。他们在细菌孢子的两侧各附着一小片石墨烯,并将电极与两小片石墨烯相连。当孢子缩小时,两小片石墨烯就会靠近,导电性就会增强。电极可测量出这种变化。

由于生物体对湿度变化极度敏感，这种新型生物电子传感器的响应时间至少会是纯机械传感器的 10 倍。任何高度依赖湿度变化的机械性、生物性或其他反应过程都将因这种最小型赛博格所提升的响应能力而受益。

在我们忘乎所以地向体内注射石墨烯之前，甚至是在我们开始大规模生产石墨烯之前，我们首先需要更好地理解石墨烯如何与环境和人类相互作用。在第 4 章中，我们详细讨论了石墨烯对生物和环境的潜在影响。这里，我们还会再介绍一些现在已明确的健康影响。布朗大学的科学家们对石墨烯展开研究，以观察其对人体细胞的影响，结果令人震惊。这种单层平面的超强材料过于强韧，以至于凡与之接触的各种人体器官的细胞膜极易被刺穿，包括直接接触该材料的皮肤、肺和免疫细胞等。

如果石墨烯的微小碎片被吸入肺部，那么它们很可能会永远滞留在肺中，因为我们几乎找不到任何方法可以将其分解并移除。记得吧，石墨烯坚固耐用，这正是我们相信它应用前景巨大的原因。如果石墨烯滞留在肺部，那么石墨烯的作用就会像石棉和其他颗粒物一样，使身体产生炎症反应。有人认为免疫系统可以输送一些白细胞，将石墨烯包裹住并"排出体外"。可惜的是，鉴于石墨烯纳米颗粒的平均尺寸，这种策略恐怕难以奏效。这种颗粒对于免疫系统而言仍然体积过大，难以应对。

如果上述研究结果是准确的，那么在工作中与纯石墨烯打交道的人则必须采取预防措施来保护自己，以确保石墨烯材料不会肆意进入体内。我们大多数人都应记得，石棉也曾被视为一种神奇的材料，但是到了后来，我们知道直接接触石棉的人会患上石棉肺和间皮瘤。切记，我们还不确定人类直接暴露在石墨烯材料当中是否安全，因为我们还没有过大批量生产石墨烯的经历。而且，我们从石棉发展史中汲取的经验教训很可能会被用来指导职业安全和健康署（OSHA）及其他监管机构制定出安全处理规范，将相关风险降到最低。

回想一下，我们在第 7 章中曾探讨过塑料所产生的技术性和社会性破坏作用。这种 20 世纪"神奇材料"在使用过程中产生了意料之外的、足以引发我们关注的巨大恶果。大多数商业塑料制品，包括我们很多人都会购买的饮用水塑料瓶，可能需要数百年甚至数千年才能降解。当你下一次打算将空水瓶随意扔进垃圾箱而不是回收箱时，不妨好好想想这个问题。令人遗憾的是，真正关心回收利用的人并不多。

2014 年，全球塑料产量超过 3 亿吨，每年至少有 800 万吨塑料被直接倾泻到海洋里。虽然海洋中的塑料不会进行生物降解，但却会分解成微小的塑料颗粒，而此类颗粒物很容易被游经这片污染水域的鱼所吸收。无法消化的颗粒物将在鱼的体内不断堆积，直到受污染的鱼死亡或被人捕获。而这些受污染的鱼被捕获后又会到哪里去呢？自然是被送上超市货架，最终来到你我的餐桌。是的，我们和这些鱼都在变成塑料生控体系统，成为遭到污染的食物链的受害者。

加州大学河滨分校（University of California Riverside）的研究人员针对氧化石墨烯（石墨烯的一种常见形式）展开研究，以确定它在自然环境中如何降解。他们的研究发现既有趣又出人意料：氧化石墨烯在开放水域中趋于稳定。这意味着水中的生命直接暴露在氧化石墨烯环境下或直接将其作为食物，非常近似于能够生成超级丝的蜘蛛（回想一下，部分直接暴露在石墨烯之下的蜘蛛死掉了），同时也像吃掉塑料颗粒的鱼。然而，混入地下水中的氧化石墨烯则往往易于分解或沉淀，从而降低对野生动物的威胁。

虽然有关石墨烯安全性的研究非常少，但结论已十分明确。由于我们都不是环境风险评估方面的专家，不妨引用《石墨烯理事会通讯》（*Graphene Council Newsletter*）2014 年 7 月刊登的美国国家科学基金会国际环境健康科学会议主席安德鲁·梅纳德（Andrew Maynard）博士专访稿中的观点：

与任何其他化学原料或材料一样，要想有效利用石墨烯等材料，我们就必须发展出一套有关材料安全设计和使用的规范。商业上的成功越来越依赖于具有社会责任感的创新。我们既要考虑该产品在技术和经济上的可行性，又要考虑产品带来的环境和社会效益与影响，因此我们需要对产品暴露在外时可能引发的危害和风险进行研究。但是我们也需要对这一研究做出约束，并且在考虑了材料的使用可能性、暴露的场景以及潜在的风险之后，对其应用领域进行限制。

开发与应用新材料的最大挑战之一在于，科学家很难通过研究反证某种材料是绝对安全的。因此，我们必须合理地界定，哪些材料可以认定是足够安全的，哪些材料还存在实验上的问题。缺少这种规则，我们将面临这样的风险：相对安全的材料占用了宝贵的研究时间和资金，而潜在的危险的新材料则有可能逃过科研雷达的监察。

换句话说，我们无需恐慌，只是需要小心。我们应采取合理的预防措施，不让石墨烯向周围环境过度释放，同时开展审慎的研究，确定实际风险所在。人类所做的任何事情都不可能对环境没有影响，我们能做的就是将负面影响最小化。

第 11 章
决战元素周期表

　　碳原子能够形成有趣而独特的几何形状，那么材料革命是否就仅仅集中于碳材料呢？本书中讨论的新型碳基材料仅仅是未来几年众多创新中的一小部分吗？

　　C_{60} 是足球形状的碳分子，首次发现时被冠以新世纪超级材料的美誉。虽然这些材料至今仍然非常有趣且极具价值，但还不足以成为材料科学研究和发现的全部终极目标；碳纳米管不是，石墨烯也不是。但这并不是说，由石墨烯及其衍生物带来的种种技术创新难以很快颠覆我们的世界，而是说研究仍将继续。不可避免的是，其他材料也可能被相继发现，为我们展现目前难以想象的更加远大的技术前景。那么这些突破都在哪里？我们如何才能找到它们呢？让我们先把种种具有潜力的技术创新进行简单分类，以明确我们都有什么样的备选项，以及哪些备选项可能成为冉冉升起的新星。

可编程材料让纳米机器走进人体

　　可编程材料有可能成为下一场材料科学革命的重要组成部分，这种物质可以通过外部信号的应用来改变形状或行为，而这种信号可能来自电场、外部施加的压力，或者其他局部性质的操控。

如果你在智能手机或平板电脑上阅读这本书，便会对一种可编程材料拥有切身的体会。要想找到用于检索、购买或打开这本书的图书应用程序，你就需要用到触摸屏。触摸屏是一种分层堆积的透明材料，与电子设备中的视觉显示和电子控制系统集成在一起。

当受到压力时，屏幕会以预编的方式进行响应，与设备的电子控制系统连通，从而得到所需的结果。（当屏幕被触碰时，它的电性质将发生改变。一些触摸屏会利用这种变化实现互动，并控制设备的响应。虽然压力与电性质在物理学上有很大差别，但它们产生的功能是一样的。）此类预编的响应结果包括打开或关闭设备、打开或关闭应用程序、输入文本等，而现在输入的文本将来某一天可能也会成为类似你手中这样的图书。

无论触摸屏会连接到哪个设备，石墨烯很可能都会在下一代触摸屏的制造中发挥重要作用。石墨烯组件既可以直接用作设备的外壳（使设备更加坚固），也可以作为电子显示设备或传感器的一部分，或者只是作为一种轻便、坚固的屏幕保护器，防止设备在使用过程中损坏。

为了对目前普遍采用的可编程材料进行更深入的调查，我们来了解一下镍钛诺。镍钛诺是一种由镍和钛组成的合金，它可以被塑造成某种形状，然后在遇热时自行改变形状。镍钛诺常用于制造电线，在各种消费品和工业品中都能一展身手，包括儿童牙套的弓丝（人体的热量会给镍钛诺制成的弓丝加热，导致弓丝收缩，继而施加必要的力，以矫正牙齿的位置）、老奶奶在心脏手术中植入的支架、恒温控制器（用于需要让形状随温度发生变化的地方），以及控制太空系统稳定形态的设备（发动机一旦在太空中损毁，太空系统将很难修复）。那么最酷的应用领域是什么？事实上，自从镍钛诺在1959年被科学家发现，他们几乎每年都能发现新的用途。

如果我们将拥有超强形状记忆功能的材料应用到日常生活中非常实用的领域，比如在停车场撞弯保险杠时使用这种材料修补汽车的轻微损坏，效果会怎么样？不难想象，汽车保险杠或侧板所采用的材料，平时呈现的是某一种形状，但它们在加热或暴露在特定波长的光线下时，又会呈现出另一种形状。技术人员也许只需将保险杠置于精准调校的"汽车修理灯"下，它就能自动恢复到原状。这样，人们就无需为汽车提供其他昂贵的修理服务或更换配件。

这项技术同样适用于飞机，使之随着飞行环境的改变不断调整形状，并依据当地条件优化性能。大多数运输工具都只能保持一种固定形态，但如果运输工具可以根据当地环境条件巧妙地改变形状，又会怎么样呢？汽车、飞机或船只未来都能够稍微变化外壳形态以提高几个百分点的燃油效率，就像职业自行车手在下坡时对骑行姿态做出细微调整，以便充分利用最后一点俯冲速度。

姜-泰勒金属（Jahn-Teller metals）是最具代表性的可编程材料，可随着环境的改变呈现出不同的电性质。近期曾有实验尝试将可编程材料与石墨烯的近亲 C_{60} 结合在一起。由60个碳原子构成的巴克球在充入金属铷之后，一旦承受压力，就会变为足球形状，而在压力减弱后又可恢复为正常的球形。想在单分子水平上控制任意数量的"开/关"系统，那样的响应性分子是成功的关键。你应该还记得吧，"开/关"系统是数字革命的基础，同时对于众多技术而言，它也是极具价值的。

其他材料所具有的"开关"潜力还在研究当中，而它们所具备的其他更为奇特的化学性质也同样受到关注。索烃和轮烷是属于机械互锁结构（MIMAs）的两类纳米材料。你可以将索烃视为分子魔术环，将轮烷视为分子哑铃。

索烃和轮烷分别于 1983 年和 1991 年受到广泛认可，让-皮埃尔·索瓦日（Jean-Pierre Sauvage）和弗雷泽·斯托达特爵士（Sir Fraser Stoddart）也凭借这两种材料在"分子机器设计与合成"领域中的应用，跻身 2016 年三位诺贝尔化学奖得主之列。在索瓦日和斯托达特实现此项技术突破之前 40 年，索烃和轮烷便已问世，但正是基于这两位科学家的贡献，这种新型分子机器才得以实现高效生产。对于第三位诺奖得主，我们将在本章后面探讨分子马达时另行介绍。

从本质上讲，将环烷和轮烷称为分子并不完全恰当，这是因为分子是根据结构中原子间共享的电子来定义的。而对索烃和轮烷更准确的描述应当是碰巧重叠在一起的两片独立的分子片段。

索烃属于机械互锁结构，看起来像是两个相互锁在一起的环，如图 11-1 左图所示。这种材料是由长长的分子链（具体组成的分子可能有所不同）构成的，这些分子链弯曲成环状，首尾衔接，形成永久性的闭合环。环与环之间也会相互吸引，只不过这种分子间的作用力较弱，近似于石墨烯薄片之间的作用力。这种分子间的作用力形成了所谓的超分子系统，而该系统不再仅仅由一个孤立的分子构成。

轮烷则类似于一个哑铃，手柄处围绕着一个独立的环。分子较粗大的部位构成了哑铃末端的"砝码"，可以防止套环滑脱。套环和手柄之间发生强烈交互作用的地方称为基点。在遇到适当条件时，套环可在基点之间穿梭或跳跃。

那么，套环最初是如何套入轮烷的呢？正如俗话说的，船是怎么进到瓶子里的?[①]经过多年的实验,研究人员已经发现,他们可以预先设计出套环和手柄之间的引力,从而实现自动穿套。一旦这样的情况发生,另一种化学反应将增加套环/手柄超分子系统的重量,从而困住套环,使其成为整个系统的一部分!

但是,这些奇怪的不是分子的分子究竟与二进制逻辑(计算机)有什么关系呢?索烃和轮烷本质上都属于纳米机器,它们实际上是投入使用的第一批纳米机器人。这些分子并不会自我复制,因此这一章并不是要向大家预告纳米机器人即将带来的末日灾难,你家的汽车也不会因此化为灰色黏液。纳米机械最终将伴随石墨烯应用领域的持续拓展,成为各种不同应用的重要组成部分。几乎可以肯定的是,石墨烯将与纳米机器一道,共同推进各项应用的发展。正如本书自始至终所阐述的那样,石墨烯的确是一种神奇的材料,但它需要与其他材料相互结合,才能真正大展拳脚。

人们对机械互锁结构的关注并不局限于纯粹的学术活动。轮烷最能激发起人们对异常现象的高度关注。下面这个案例最能说明这一点:2005年,荷兰、英国与意大利联合研究小组共同开发出一种纳米机器。只需向它添加某种光线,科学家就能让液体逆流而上。

该研究小组制成一种轮烷,它的手柄有两个固定基点,同时轮烷的一个砝码将手柄与一个特制的斜面连接起来。在常态下,液体会沿着斜面向下流动,这种现象对任何人而言都不足为奇,只不过是重力的作用而已。研究人员发现,在正常情况下,经轮烷改造的斜面同样会让液体向下流动。然而,当他们利用一种特殊光线照射轮烷改良后的斜面时,液体便会违反重力作用,向上流动。如图11-1所示。

---

① 此处借用德国民间工艺品"瓶中船",也称"酒瓶船",进行类比。

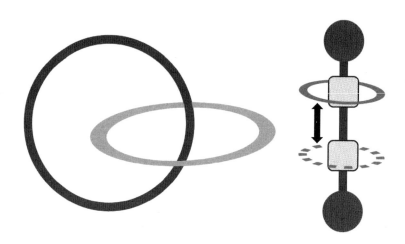

图 11-1　索烃（左）和轮烷（右）是由复杂分子组成的，我们可以通过这张原理图进行简要了解。索烃因环与环之间的吸引力构成互锁环（银色和黑色）。轮烷的一个圆环穿过一侧手柄（纯黑色），遇到两个固定基点（花纹状方框）。两端被手柄封堵的哑铃可防止套环滑落（制图：约瑟夫·米尼）

　　这是为什么呢？其基本原理是，光线照向斜面时会被轮烷环吸收，从而赋予了轮烷环充足的能量，使其能够从一个基点移动到另一个基点。当轮烷环跃至第二个基点时，顶部的砝码便会对液体产生排斥。小心地设置好光线位置后，研究人员能够使整个水滴沿晶片向上滚动。光源关闭之后，轮烷环将回到原始基点，液滴也将随之沿晶片向下滚动。这个典型范例可以很好地说明这一点：量子级作用力经过叠加便会在"真实世界"产生巨大的效应。

　　纳米机器的用武之地绝不仅仅局限于奇特的实验。要想真正实现微型机器人的价值，纳米机器就必须在具体应用环境中适应因热量产生的不规则"噪声"。如果医用微型机器人的钳子或推进器在正常体温下无法正常工作，那么它们将毫无用处。人体的正常体温通常在37℃（98.6℉）左右，约等于310K。在这种温度下，大量的热能将使原子发生振动，导致原子像具备了动力的台球一样相互推挤，且每一次回弹都会让一个分子或原子在量子的泥潭中重新投入下一次混乱的碰撞。在这种充满混乱和对抗的环境中，我们很难想象还会出现任何大规模的主动性活动。

然而，细菌却可以产生有意识的活动。人体内的细胞液也可以产生有意识的活动。我们都知道生物有机体已经设计出各种巧妙的方式来适应这个星球，科学家们正在向这些有机体学习；为了使微型机器真正切实可行，它们就必须能够产生有意识的活动。

1999 年，伯纳德·费林加（Bernard L. Feringa）及他的团队发明了一种光驱分子马达。这种分子马达只能单向运动，而这正是任何机械必须具备的功能。在此之前，已有其他材料接近该效果；而自 1999 年以来，基于费林加开发的系统，另外一些材料的研发工作也有所推进，只不过费林加的马达率先达到了黄金标准。为了表彰他所做出的贡献，瑞典皇家科学院给费林加颁发了 2016 年诺贝尔化学奖，与索瓦日和斯托达特爵士同获殊荣。

费林加的第一个分子马达问世之后，时间已经过去了将近 20 年，学术界仍在研发能够稳定执行可控功能的分子，且取得了持续进展。例如，在撰写本书的过程中，世界上最伟大的一些分子机械师刚刚结束了全球首届纳米车赛。

纳米车是纳米材料研究中一个令人兴奋的应用领域；虽然这种车辆仅有分子大小，却可以滚动、滑动或在斜面上滑行，根据设计要求执行所有必要的动作。分子汽车的应用领域包括被动环境传感器，以及为某些实验细胞传送带有 DNA 标记的石墨烯带。这些纳米车能够帮助分子向特定目标运动，而自然的随机分子运动精准性过低，难以信赖。

2005 年，詹姆斯·图尔教授和他的同事们在莱斯大学的图尔实验室制造出了首辆纳米车。他们创造了一种带有坚硬底盘的碳基分子，上面连着四个富勒烯球，就像轮子一样。研究小组发现，只要在分子中加入电荷，就能使其在金电极的原子平面上滚动。这次演示为纳米车竞赛奠定了基础，图尔实验室自然也参与了这项赛事，并且不出所料地赢得了比赛。

我们无需过度担忧微型机器人或纳米车只能局限于二维平面上的往来运动。伴随着材料科学的发展，我们必将实现更多突破性进展，其中也包括实现三维运动。一旦我们掌握了六自由度[①]的可控运动，我们就能够在复杂系统中充分利用原子控制的巨大潜力。理查德·费曼在 1959 年题为《微观世界有无垠的空间》的演讲中便谈到了微机器人在医学中的应用，这点我们曾在第 2 章中介绍过。

在费曼的演讲结束后不久，一部根据奥托·克莱蒙特（Otto Klement）和杰罗姆·比克斯比（Jerome Bixby）原著改编的电影《神奇旅程》（*Fantastic Voyage*）就将微缩到血管中的一艘小潜艇作为了这部科幻片的主角。在这部电影中，科学家们被一束"微缩射线"击中，并被注射到一位科学家同事的血液中，以清除他大脑中的血块。《神奇旅程》中的微缩射线将科学家们的原子全部缩小，这当然是不可能的，但其背后的理念——通过注入物体实现无创精确手术，则肯定是可行的。

《神奇校车》这部系列动画片中也有一集讲述了相同的想法，弗瑞丝小姐和她的学生们进入"拉尔菲体内"，共同去了解血液中的细菌感染问题。

遗憾的是，我们无法依靠神奇校车或微缩射线来实现未来医学的奇迹。相反，我们必须依靠基于事实的科学原理来做到这一点。如果

[①] 六自由度指物体在空间具有六个自由度，包括沿 x、y、z 三个直角坐标轴方向的移动自由度和绕这三个坐标轴的转动自由度。

一个纳米机器人需要像一架微型喷气式战斗机那样依赖燃料运转,那么它也需要在任何它被植入的环境中排放燃料的废弃物。如果纳米机器人是通过血压实现驱动的,那么它就需要人们以某种方式控制它的方向舵,使其转向并穿过特定的血管。

一些研究人员从生物系统中汲取灵感,已设计出类似于精子或幽门螺杆菌鞭毛的微型螺旋马达。他们的方法建立在这样一个事实基础上:水和其他液体在微观层面上的运动方式与我们在宏观层面上所习惯的方式不同。你可能会认为杯子里的水是一种连续的物质,而实际上细胞和微型机器人与水的接触更像是一群不断碰撞、移动、跳跃的小球。如果你或你的孩子曾经在快餐店的海洋球泳池里体验过游泳,那么你就会对微型机器人在人体内游走的方式有一个大致的概念。

很可能不出几十年,我们就会看到微机器人被广泛应用于各种医疗手段当中,而当代体内成像技术的进步将会帮助我们追踪和指导未来的微型医生。有一天,微型机器人还可能经过改造,被用于水处理,抓取废水中的重金属和其他有毒化合物,并将其清除。微机器人甚至还有可能在太空旅行中发挥作用,成为星球大战中 R2 小型维修机器人在现实生活中的缩小版本。它可以修补因微流星体撞击或太阳辐射侵蚀造成的泄漏。我们一定能够找到一种于绝大多数材料都能使用的应用,使其在太空和地球上均得到很好的利用。

天然与人造的"烯"家族

在过去 20 年里,人们对物理、化学与材料科学合作企业开发的新材料关注度越来越高。计算机能够帮助研究人员建立新的物理模型来预测结构与性能之间的关系。还记得吧,纳米材料可以根据不同的维度进行分类。量子点和富勒烯属于零维，因为它们高度对称，且没有主导方向。碳纳米管在 y 方向和 z 方向上有两个短维度，而其特性是由纳米管沿 x 方向的长度决定的，因而被称为一维材料。另一方面，三维材料虽然也没有主导方向，但尺寸却足够大，能够让我们进行观察和掌控。人们曾经认为，可能存在的材料仅有这三种类型。

　　早期关于单原子厚度的薄膜实验以失败告终，科学家原本计划通过蒸发金属生成单原子薄片，结果却得到了球状体。一切似乎都证明二维材料是不可能存在的——直到科学家分离出石墨烯，才点燃了新一轮研究的热潮。数十亿美元被投入到相关研究和开发当中，而研究方向并不仅仅局限于碳基石墨烯。研究者还发现了只在 x 轴和 y 轴方向上延伸的新材料。这种二维材料从化学角度看非常有趣，因为它们打开了量子物理世界与我们传统理解的世界之间互通的大门。

　　石墨烯是二维材料中最典型的例子，但其他二维材料还在陆续发现当中。下一节我们将探讨一些更加有趣的材料，例如在碳的周期群中由其他元素构成的石墨烯衍生物 7——单原子层单质二维材料（Xenes）。其他例子还包括位于碳的左边和右边的元素，例如硼和氮。

　　虽然石墨烯的确是一项了不起的发现，但如果就此忽视其他新兴的二维材料，也将是一种失职。这些材料将与石墨烯相结合，共同创造出更多非同一般的新型设备。此外，直接将所有二维材料都与石墨烯挂起钩来也不可取——几乎可以肯定它们之间并非完全相同，甚至谈不上相近。其中有一些可能是导体（比如石墨烯），而有一些则不是；有些材料结构强韧（同样以石墨烯为例），有些则不然。

　　2004 年，安德烈·海姆（Andre Geim）一边在与康斯坦丁·诺沃塞洛夫（Konstantin Novoselov）共同尝试分离石墨烯，一边寻找其他值得探究且新鲜有趣的问题。最终，他们在意想不到的地方发现了一些新鲜有趣的问题。此后，其他科学家也投入到他们的这项开创性研究当中，并将其扩展为一次令人难以置信的科学发现之旅。在将这套原理从纳米级应用拓展至医药、服装和太空旅行等所有宏观应用的大趋势中，石墨烯革命只不过是其中一个着实令人兴奋的方向而已。

石墨烯是由碳原子构成的（希望这点我们已经讲得足够清晰），碳原子之间的连接度比金刚石更为紧密。另外，碳原子间特有的连接方式让碳平面上下方的 p 轨道实现啮合，从而形成石墨烯超乎寻常的电子性能。

碳结构可塑性极强，能够形成一至三种不同几何形状的化学键，这就使它的适用范围远大于我们目前为止介绍过的领域。我们在大自然中能够发现一座名副其实的碳基分子库。从马里亚纳海沟的深渊到各种恒星的大气层，碳分子呈现出了从简单的等边三角形到蜡烛火焰中碳球的形状，各种各样、变化多端。因此，石墨烯的出现将会激发化学家们大胆的想象，因此他们会继续寻找其他特殊的碳分子形状也就不足为奇了。

在适当条件下，石墨烯还可以实现分解还原。也就是说，p 轨道能够同其他原子相结合，却不会同相邻的碳原子结合。氢原子显然是促成这种反应的第一选择，我们称这种反应为还原反应。还记得前面章节中介绍过吧，石墨烯的命名就源于它与石墨的关系。在石墨烯的英文名称 graphene 中，后缀 "-ene" 源于其离域性和双键性。

这种现象在有机化学中十分常见——例如，我们可以通过向乙烯（C_2H_4，或者更确切地称其为：次乙基）的结构中加入氢，使其转化为乙烷（C_2H_6）。同理，如果在石墨烯中加入氢，二维的晶体结构就会被还原为石墨烷（每个碳原子都拥有单独对应的氢原子）。在这种情况下，还原反应将改变石墨烯的特性，致使其不再具有导电性。我们为什么要关注这个问题呢？这种现象究竟为什么会对我们有意义呢？我的意思是，我们整本书都在讲石墨烯的导电性能有多棒，怎么还会有人努力尝试去破坏其导电性呢？这种做法看起来实在是太不按常理出牌了，甚至可以说是毫无必要的。但这的确是不可或缺的科研过程，我们需要去研究一种新材料的所有形式。

此时，石墨烯的高比表面积便成为其独具的优势。因为每一个碳原子都可以直接暴露在表层。当氢被引入表层石墨烯时，氢原子将会与表层碳原子中的一半结合起来。氢之所以不与所有碳原子相结合，是因为在那样的情况下，原子间会产生排挤现象。

碳和氢之间的化学反应存在一个有趣的现象，就是两者形成的化学键并不牢固。伴随着石墨烯及其衍生物范围的扩大，石墨烯必将在电力的生成、管理和使用方面发挥更大作用。在制造可充电氢燃料电池的过程中，石墨烯便有可能成为重要原料之一。当加热到450℃时，石墨烷会释放出氢原子，而将氢原子聚集在一起便可发电。

这种化学反应将石墨烷还原为石墨烯，石墨烯经过冷却便可吸纳更多的氢，这样便形成了可反复充电的电源。如果说有某种物品，你可以把燃料放进去，临时存储，然后在需要时随时取用，你会想到哪种物品呢？这样的物品也许可以是汽车？大多数人现在都很清楚，化石燃料是一种不可持续的能源。氢燃料电池则有可能取代传统的发电能源——石油和煤炭。

目前阻碍氢燃料电池在汽车领域广泛应用的一个问题是氢的生成。由于物质不可能无中生有，所以我们需要一种可生成氢的原料。目前最先进的燃料电池是通过水或油来提取氢。将氢原子从任何原料中提取出来都需要能量，而这正是难点所在。只有耗费能量才能产生能量，而根据热力学定律，在生成能量的过程中，每一步还将损耗能量。

　　下一个问题是找到一种化合物或系统，适于携带并储存生成的氢。甲烷（CH_4）和乙硼烷（B_2H_6）是燃料电池中用于储存氢的早期候选物质。不过，乙硼烷和甲烷都是气体，人们担心，将这些气体在高压下储存来达到发电量的要求，可能会存在安全隐患。相信任何见识过丁烷罐爆炸的人都会认同这种担忧。更麻烦的是，乙硼烷还具有自燃的性质。一旦接触到空气，尤其是夏季温暖潮湿的空气，乙硼烷就会爆炸燃烧。这正是燃料电池的双重禁忌。

　　而固体形态的石墨烯则彻底解决了此类问题。它无需在惰性气体环境中进行高压或特殊处理，便可实现安全储存。石墨烯在充放电时的稳定性有可能最终会打开那些已向其他材料关闭的大门。在氢化物已宣告无法胜任的领域，石墨烯燃料电池也许最终能够找到落脚点。

　　我们曾在本书前面的章节中讨论过碳-碳键不同的几何形状是如何形成富勒烯和碳纳米管结构的。一个原子环中含有 5 个碳原子，便可将平面结构折叠成三维结构。同样，含有 7 个碳原子的原子环也将促成三维结构。在石墨烯薄片中适当引入五元环和七元环，（从理论上讲）就可以形成三维结构，而精心设计的空心管状结构不仅可以支持单面石墨烯的氢吸附，还可以支持双面石墨烯的氢吸附。这将使石墨烷氢电池的效率提高一倍以上，实现常见的块状架构，让我们无需依靠大面积的平面结构来储存适量的氢。

　　如果我们能够通过改变原子环中的原子数量，用化学方法从碳基的石墨烯家族中创造出三维结构，那么是否还存在其他通过转变碳结构制造出二维材料的方法呢？理论化学家认为可以实现。被称为炔烃的线性链（与哈罗德·克罗托在恒星大气层中寻找的分子链非常相似）可嵌入芳香环，形成一种具有导电性能的新型二维材料，这种材料叫作石墨炔。

它是石墨烯和石墨烷自然延展的结果，所有其他碳氢化合物的命名方法同样遵循-烷 → -烯 → -炔的顺序，正如只要有乙烷（C_2H_6）和乙烯（C_2H_4），便会有俗称电石气的乙炔（C_2H_2）。不遵循标准命名法的各种俗称容易让人产生混淆。

在有可能形成大量新型碳的同素异形体材料中，石墨炔是最简单的例子。如果引入$-C \equiv C-$隔环，将石墨烯环分隔开来，便会出现可在二维结构上实现"编程"的洞孔。换言之，如果需要消除特定污染物，我们便可以根据特别设定的技术参数，制造出原子过滤器。洞孔的大小可以根据任何用途进行有针对性的设计，我们只需针对衔接石墨烯环的炔烃链数量进行调整即可。（回想一下第 6 章中提到的水过滤器。）

这让我们又重新找回了碳纳米技术所引发的激情。我们终于开始意识到，对于任何可以想见的问题，我们都可以想象并开发出一种有针对性的适用材料来解决这个问题。

碳非常适合作为开展此项事业的标志性元素，因为纳税人和投资者都熟悉这种元素，而整个商业化过程中出现的种种机会全赖纳税人和投资者提供的资金支持。当然，纳米材料的研究必将继续向碳以外的其他元素拓展；随着计算机模型的复杂度（以及准确性）不断提高，研究人员能够更好地预测潜在材料的表现。巴克敏斯特·富勒也曾思考过这个问题，他曾在探讨建筑结构时表示，"最后的拉力线实际上就是化学键"。

这种高通量筛选技术能够帮助理论学家们测试出可能在实际研发中（至少在初始阶段）带来较高成本的分子及化合物。在元素周期表上，我们至少还有 91 种稳定元素可以研究，而我们对其中的大多数只是一知半解。

有没有其他元素能够形成类似石墨烯的结构并且具有同样神奇的

特性呢？化学中有一个概念解释了具有相似键合结构的化合物为何会呈现出类似的表现特征，即等电子性质。

一种材料如果想要与石墨烯具有等电子性质，就需要在轨道云中形成高度近似的电子排列。与碳（硅、铅等）处于同一列的元素自然为碳的等电子体，这就意味着我们已经能够基于近似石墨烯六边形结构的其他元素来发现研究"烯"类分子。

硅元素可形成硅烯结构，锗元素可形成锗烯。这种规律简单易记。令人遗憾的是，锡和铅并不符合这种规律，它们并不叫"锡烯"或"铅烯"。锡的元素符号为"Sn"，源自拉丁语"stannum"。因此，锡基石墨烯的英文名为"stannene"，中文名为"单层锡"。同样，铅的符号是"Pb"，源自拉丁文"plumbum"，所以它的石墨烯等价物的英文名为"plumbene"，中文名为"铅石墨烯"。

我们对于石墨烯等电子体的了解甚至比我们对石墨烯本身的了解还要缺乏。在转而关注石墨烯之前，我们用在石墨研究上的时间至少已超过100年。就单层锡或铅石墨烯而言，我们都知道在自然界的矿物中不存在硅或铅的二维薄片。因而可以说，人类的创造力是不可超越的。自从实现石墨烯的成功分离开始，意志坚定的研究者已掌握了每一种石墨烯等电子体的表现特征。

铅石墨烯是在2004年被制造出来的，硅烯的制造时间则要推迟至2012年，接着是2013年制备出来的锗烯。最后一个是单层锡，直至2015年才被制成。在我们为人类利益而不断探索自然规律的过程中，每一种新材料的出现都为我们提供了追寻物理学下一个关键节点的新线索。

然而，等电子化合物并不仅仅局限于碳族元素当中，碳族左右两侧元素的结合也能够形成六角晶格。六边形的氮化硼（h-BN）就是由硼（碳左侧）和氮（碳右侧）构成的石墨烯状二维单层材料。硼的电子比碳少一个，而氮则比碳多一个；当这两种元素发生反应时，便会形成与石墨烯相同的六边形结构。

氮的轨道拥有一对电子，这个轨道将两个电子都给了缺失电子的硼的轨道。这种情况在电子结构上类似于两个碳原子相互提供一个电子。这种平面六边形的氮化硼（还有一种立方形的氮化硼，其晶体结构近似于钻石）因其润滑特性而广受好评——与石墨烯一样，这种氮化硼也很容易沿着晶体平面分裂。然而，与石墨烯不同的是，氮化硼不具有导电性能。更确切地说，氮化硼的导电性能极差，将其划入绝缘体的范畴更为恰当。

然而，这种扁平的二维绝缘体对于纳米材料而言是一种非同寻常的福音。由于石墨烯是一种近乎完美的导体，将一个电子从石墨烯中的电子价带（排布紧密）激发至晶体中的导带（松散状）便无需输入能量。例如，LED 灯的工作原理就是将电子从价带激发至导带。红灯是耗电量最低的灯，仅需 2 ~ 3 电子伏特就能实现照明。就半导体而言，这种耗电量已属于低能耗。黄色或绿色的灯则耗电量相对较大——大约 3 ~ 4 电子伏特。蓝灯和紫灯由 4 电子伏特以上的带隙构成，达到 5 电子伏特的 LED 灯可释放出紫外光。超出 5 电子伏特以后，LED 灯便会失效。

氮化硼的带隙为 5.9 电子伏特。这种能耗已达到令人难以置信的高度，只有可能在范围极小的特定应用领域作为半导体使用。在通常情况下，氮化硼被用作一种阻碍电流流动的便捷材料。由于石墨烯不存在带隙，所以这种材料在我们眼中呈现为黑色，它能吸收掉所有不同波长的可见光。另一方面，氮化硼并不吸收人类可见的波长，但它具有高带隙，能够反射所有的可见波长。因此，同时兼具平面六边形晶体结构和强大反射性能的氮化硼被授予了"白色石墨烯"的封号。

白色石墨烯是一种超硬材料,在石墨润滑剂无法使用的情况下,可用作替代润滑剂,自 20 世纪 40 年代中期以来,这已成为氮化硼的主要应用领域。在 2004 年石墨烯被分离出来后,氮化硼成为配合石墨烯制造新型电子设备的优选材料。

2010 年,氮化硼被用作包裹石墨烯的夹层。两片氮化硼"面包"在石墨烯同周边环境发生的所有反应中形成了化学和电子上的双重隔离,从而为研究人员测试异常"纯净"、毫无瑕疵的材料系提供了条件。氮化硼使导体绝缘的方式与橡胶使家用电线绝缘的方式相同。这种三明治法为石墨烯导体创造了一项纪录。

开创世界纪录已经很赞,而这项发现还证实了一个有关石墨烯更深层的事实,即石墨烯与环境间仍发生适度反应,即使只是轻微反应,但这种反应的确影响着石墨烯的性能。这说明,如果想让应用了石墨烯材料的设备发挥最大潜能,那么我们仍然需要利用纯氮化硼这样的材料来阻断外部干扰。一根"现实世界"的大电流电缆可能需要一条长而完整的碳纳米管,外覆一层氮化硼纳米管,以保护其不受风化。看起来,世上的事确实都不简单!

在氮化硼的合成过程中,科学家偶尔也会在混合物中添加石墨烯,从而产生一种叫作硼碳氮(简称 BCN)的复合材料。硼碳氮的具体特性会因许多不同因素而发生显著变化,其中制造条件的影响尤其大,因此我们很难对硼碳氮共有的特性下结论。

氮化硼和硼碳氮是由类金属(硼)和非金属(碳、氮)结合而成的范例,其他特殊的二维材料则可由金属和非金属结合而成。这类材料的统称为二维过渡金属碳化物或者碳氮化物(MXenes)。14M 代表过渡金属,是元素周期表中央区域的一种元素。X 是其他非金属的占位符,列于元素周期表的右侧。金属与非金属在相互结合以后会形成一种延展状态的二维晶体。然而，这种晶体通常并不是扁平的；不仅如此，它还会以某种方式发生弯曲。

值得注意的是，与厚度相比，这种化合物的横向面积极大，因此科学家才将此类化合物称为"二维材料"。随着横面铺展的大型晶体材料不断增加，研究人员将此类材料纳入了二维材料的行列，无论其是否薄至单层原子级别。

这种分类方法似乎模糊了二维材料的界限，但我们应当记住的关键点在于，判定某种材料是否为二维材料的决定性因素是其主要的物理性征。如果某种信号的传播（无论这种信号是光子、电子还是一种振动）在一个轴上相对于其他两个轴明显减弱，15 那么该材料就应被认定为二维材料。

由于新材料的研发和测试进程极快，本章无法全面介绍所有的二维材料。在石墨烯领域，科学得到了惊人的丰厚馈赠，而此后已发现的大量衍生材料仍将保持快速发展态势。

汇总二维材料的复杂程度是汇总零维、一维和三维材料难以企及的。氮化硼纳米管的例子让我们看到了一线希望，在碳元素无法发挥作用的应用领域，其他分子的结合也许能够取得更好效果。

二维过渡金属碳化物或者碳氮化物（MXene）巴克球有可能突然登场，向你展示能够逆向开合的笼箱，整体运送其所负载的物品。硼碳氮纳米管也有可能化身纳米农场中的微型拖拉机，"栽种"经过专门设计的蛋白质。石墨烯革命在纳米科学领域引起的热潮，必将鼓励研究者对元素周期表上的其他元素开展深入研究。一百年后的化学界在看待我们今天所拥有的化学知识时，很有可能像我们看待三百年前的炼金术士一样。

亲历一次人类文化的终结

兼具工程师或科学家身份的未来学家们通常预测，在不久的将来，我们生活中的所有物品都将是多功能的，这至少在一定程度上要归功于可变形或可编程材料，以及性能全面超越当前技术水平的新型材料。畅想一下未来的家，它可以根据指令将一堵墙变成一扇门，或者简单点，利用对电场或电流的控制来调整涂层材料的反射或吸收性能，将原本透明的窗户变暗。如果在商店或网上购买的新衣服能够根据指令变换颜色或款式，你觉得怎么样？（当然，这种变化是根据一组预先编程设定的替换方案，以某种方式存储在材料中，或者通过无处不在的云端进行调取。）

如果未来的一切事物都朝着这个方向发展又会怎样呢？如果我们可以通过重新改造或者重新创造整个世界来满足我们的物质需求，而无需在车库中囤积大量的有可能多余的物品，又会怎么样？将可编程材料的特有功能与石墨烯及类似材料在力学、电学和结构方面表现出的惊人性能相结合，我们可能很快就会亲历一次文化的终结。

这种文化的终结也意味着大多数污染将不复存在，这必将有益于我们目前居住的地球以及人类未来可能移居的任何其他星球。而有可能将这一切变为现实的，正是所有元素中最丰富、用途最广，同时也最重要的元素之一：碳。同样是碳构成了地球上所有已知生命形态的基础，促成了石墨烯的形成。石墨烯——这种超强、超薄、超多功能的新材料，必将彻底改变这个世界。

后　记
GRAPHENE

　　石墨烯接下来会为我们带来什么？这种潜在的革命性材料将如何从大学实验室转向市场，继而改变整个世界呢？答案是：这个过程注定不易。

　　世上总有些人属于"房子先建好，不愁没人住"的类型。这类人对市场理念和市场经济有着不可动摇的信念。他们坚信，只要产品优于竞争对手，而且价格有竞争力（或较低），那么消费者就会购买它，从而成就这项新技术。

　　这种观点的确有一定道理，至少从表面来看，历史似乎也支持这种看法；正是由于这样的原因，优秀的新创意往往能够在市场上获得成功。智能手机就是一个极好的例子。没有人想过自己需要一部iPhone，可一旦人们见到了iPhone所提供的功能，就感觉自己一离开这部手机就将寸步难行。智能手机现在被公认为历史上最成功的产品创新之一，极短时间内便在发达国家实现了普及。只不过，即便可以用"房子先建好，不愁没人住"来类比石墨烯产品的开发过程，我们仍然要面对"房子先建好"的问题。

　　到目前为止，一个廉价、高效、可实现规模化生产的系统仍未成功确立起来。同样，早期进入石墨烯市场的参与者拒绝投入精力，来确立一套便捷可行且成本低廉的标准化分析方法，因此至今仍没有一个可靠的原材料来源可用于石墨烯及其强化产品的生产。幸运的是，许多公司、非政府组织和研究机构已开始为实现这一目标而努力。当这套标准最后形成时，客户终将能够以最准确的方式评估自己所需的产品。采用这种方法，可能会有多家供应商竞争销售，每家供应商提供的石墨烯品类和质量会存在少许差异。

目前，一些国家正在有意识地通过发展与创新专项资金来促进石墨烯相关研究，而不再仅仅依靠看似随机的市场力量。此类资金支持的来源包括政府津贴与采购合同、税收减免以及各国政府为鼓励创新而采取的种种其他方法。其中最值得关注的是位于英国曼彻斯特的国家石墨烯研究所。该研究所获得的资金支持包括来自英国政府的3 800万英镑和欧洲区域发展基金提供的2 300万英镑。

同时已有40多家企业与曼彻斯特大学的研究人员建立起合作关系，共同为实现石墨烯革命而努力，而英国企业无疑将成为相关创新的首批受益者。他们即将开放的石墨烯工程创新中心更将进一步提升其整体研究能力，并引入更多的合作者。曼彻斯特大学似乎已确立起在欧洲石墨烯研究领域的核心地位。

2013年，中国也成立了自己的研究院：中国石墨烯产业技术创新战略联盟（CGIA）。与大多数中国研究协会一样，CGIA并不像欧美同类机构那样知名，但它仍不失为石墨烯研究、开发和商业化的一支强大力量。

美国的情况如何呢？在多数情况下，美国的石墨烯研究与开发处于分散状态，从事石墨烯研究的政府实验室、大学和商业企业间仅存在松散的合作关系。为了便于协调美国石墨烯研究工作，美国国家石墨烯协会（NGA）于 2017 年成立。NGA 的目标是帮助美国创新者尽快将石墨烯相关产品推向市场。这可是个令人钦佩的目标。而世界上其他国家的类似研究院和机构也在为相同的目标而努力。

从历史视角来看，从最初的纯理论发展到成熟的创新理念，重大的科学突破似乎全部是在创新者的脑海中形成的。德谟克利特、波义耳、牛顿、居里、爱因斯坦和玻尔都因拥有这种深刻的洞察能力而享有赞誉。然而，将他们的成就简单归功于此是极为不公的，因为这很容易令人误解，这些成绩源自神的启示。

事实上，激情、好奇心以及对探寻自然规律不懈的渴求才是这些伟人所拥有的真正天赋。我们继承了他们的这种天赋，因而可以追随他们的脚步，去欣赏我们这个宇宙的美丽与辉煌。我们从德雷斯尔豪斯、海姆、诺沃塞洛夫、艾奇逊、汉弗莱以及书中提到的所有其他研究者身上都看到了这种天赋。还有其他许多人，特别是目前仍埋头于实验室研究的研究生和博士后们，将为我们提供他们对这个世界的进一步诠释，也许还会为我们带来下一个闪光的灵感和创新。他们的使命就是勇攀科学高峰，并引领后来的攀登者抵达山巅，领略新的视野和高度。

更美妙的是，几乎每个人都有能力全身心投入工作，都有能力提出问题，也都有能力根据自己的创意形成独到的认识。在此后的历史进程中，注定将有另一个好奇宝宝重新跟上前人的遗踪。站在巨人的肩膀上，任何人都有可能成为巨人；而我们的确是站在前人的肩膀上，同时每一天见证新的巨人产生。

正如你在本书中读到的那样，整部关于碳的科学发展史，尤其是石墨烯的发展史，完全得益于各种不同创意和理念的融会贯通，而这些创意和理念超越了所有意识形态的界限。石墨烯和其他二维材料目前正处于一个关键结点，可派生出大量特殊化合物，影响到我们生活的方方面面。此项研究还得益于个人间借助互联网实现的跨洋合作；得益于记者们常常在语不惊人死不休的文章中鼓吹新材料的极致性能。

　　未来，此类新材料的应用还将持续受益于各种营利和非营利性机构坚持不懈的研究。为了使超级材料发挥出最大潜力，这两种不同经济属性的机构缺一不可。大规模生产机制的形成不可能依托于上层意志。市场价值的实现更不可能坐等上天的恩赐。然而，这些目标可以通过相关从业人员来实现，他们将突破现有科学知识的局限，自由大胆地探索求知；这些目标还可以通过知识精英来实现，他们将基于对历史的深入理解，开创一个更加美好的未来；这些目标也可以通过人们在许许多多、形式各异的平台上开展有效交流来实现，也许不同的交流形式将超出我们当前的想象力。

　　关于石墨烯对社会变革的影响程度，我们无需想象。将历史作为参照，我们会发现，石墨烯的发展史完全可以同将人类社会从石器时代带入青铜器时代的金属工具发展史相媲美。可以说，人类已站在了石墨烯新纪元的起点上。

致 谢
GRAPHENE

作为本书作者，首先要感谢我们的代理人——来自精印文稿管理公司（FinePrint Literary Management）的劳拉·伍德（Laura Wood），为我们提供了撰写本书的机会。自从她在短信中问了一句"你对石墨烯了解多少"，我们便开启了一段为期两年的艰苦旅程，最终成就了你手中拿到的这部作品。

我们还要感谢普罗米修斯出版社编辑人员（希拉·斯图尔特和汉纳·艾图）为我们提供的许多宝贵修改建议，相信各地读者也会对优秀编辑们的辛苦付出心存感激！接下来要感谢的是罗伯特·汉普森博士（Dr. Robert Hampson），他被誉为"实验动物的沟通大使"。在汉普森博士的帮助下，我们对第 10 章中讲述的脑科学有了更加深刻的认识。同时感谢亚特兰大-富尔顿公共图书馆系统（Atlanta-Fulton Public Library System）在获取研究资料方面给予我们的协助。

最后，我们还要向大自然母亲表达深深的感激之情，正是大自然母亲为我们提供了这样一个值得不断探索和书写的奇妙世界！

附 录
GRAPHENE

过度使用事实、图表和统计数据会令读者萌生睡意，但另一方面，也有部分读者十分关注此类信息，他们希望针对书中讨论的主题，了解更多背景情况。对于本书而言，我们探讨的主题是石墨烯及其用途，以及石墨烯多久以后会融入我们的日常生活。因此，我们选择在附录中为有需要的读者提供与石墨烯研究和产品开发有关的全球统计数据、情况和图表。

让我们先来深入了解一下石墨烯专利的快速增长情况，谁在申请专利，以及各界如何根据不同标准来看待这项技术。英国知识产权局名为《石墨烯：2015 年全球专利概况》的报告显示：全球石墨烯相关专利数量呈逐年递增态势，并于近几年出现爆炸式增长（图 A-1）。此项报告中不含 2015 年当年及之后的数据。

当你对专利申请人进行更加深入的了解后，这些数据就变得非常有趣了。你也许已经预料到，那些拥有健康的学术与工业研发基础的国家是这一领域的关键参与者。然而，你可能预料不到的是，中国在相关数据中拥有显著优势，如图 A-2 所示。在截至 2014 年的近 10 年时间里，就现有的最新完整数据显示，中国的专利申请数量达到了

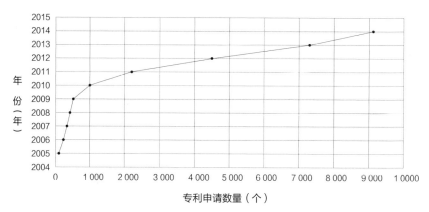

图 A-1　自 2004 年以来，全球每年的专利申请数量（数据来源：英国知识产权局）

全球申请总量的近一半。值得注意的是，不断变化的税收和专利法规可能会令人对相关数据产生一定误解。一些发明家可能会为了获得更优惠的税收待遇或更好的专利保护而放弃自己定居的国家，转而选择其他国家提交专利申请。

基于专利申请总数的百分比

图 A-2　中国在这场石墨烯专利申请竞赛中处于领先地位

（数据来源：英国知识产权局）

现在让我们对这些数据进行深入挖掘，确定申请此类专利的究竟是哪些大学和企业（图 A-3）。掌握这些信息后，我们就可以了解到石墨烯将很快在哪些商业应用领域发挥作用，或者至少明确哪些组织在为石墨烯研究提供资助。下表显示的是"专利族"信息，它的定义是：源自同一原始申请的一项或多项已发表专利。围绕一项原始专利可能会派生出许多相关专利，每种相关专利所实现的改进或完善可大可小，它们共同组成了一个专利族。

从数据来看，三星明显对石墨烯的经济潜力给予高度关注，并且正在资助大量与石墨烯相关的研究项目。也许有人会奇怪，美国的科技公司为何在这张榜单上难觅身影。我们发现，IBM 在榜单上排名第四，也是唯一一家进入前 20 名的美国公司。

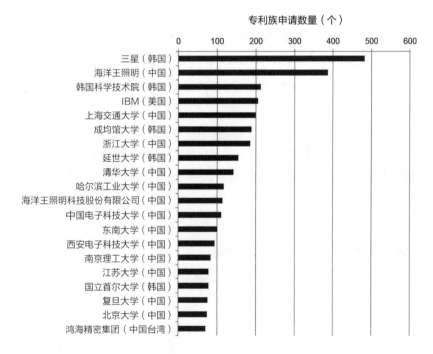

图 A-3　从专利族申请数量来看，韩国公司明显领先，中国紧随其后
（数据来源：英国知识产权局）

海派阅读
GRAND CHINA

READING
YOUR LIFE

人与知识的美好链接

20 年来，中资海派陪伴数百万读者在阅读中收获更好的事业、更多的财富、更美满的生活和更和谐的人际关系，拓展读者的视界，见证读者的成长和进步。

现在，我们可以通过电子书（微信读书、掌阅、今日头条、得到、当当云阅读、Kindle 等平台）、有声书（喜马拉雅等平台）、视频解读和线上线下读书会等更多方式，满足不同场景的读者体验。

关注微信公众号"**海派阅读**"，随时了解更多更全的图书及活动资讯，获取更多优惠惊喜。读者们还可以把阅读需求和建议告诉我们，认识更多志同道合的书友。让派酱陪伴读者们一起成长。

了解更多图书资讯，请扫描封底下方二维码。 微信搜一搜 🔍 海派阅读

也可以通过以下方式与我们取得联系：

采购热线：18926056206 / 18926056062   服务热线：0755-25970306

投稿请至：szmiss@126.com   新浪微博：中资海派图书

更 多 精 彩 请 访 问 中 资 海 派 官 网   www.hpbook.com.cn ❯